野生動物のためのソーシャルディスタンス

イリオモテヤマネコ、トラ、ゾウの保護活動に取り組むNPO

戸川久美
togawa kumi

新評論

まえがき

　トラ・ゾウ保護基金（Japan Tiger and Elephant Fund：ＪＴＥＦ）は、野生の生きものの立場に立ってその世界を守るという活動を通し生物多様性と人の豊かな自然環境を守る非営利、非政府の団体である。では、なぜ「トラ」と「ゾウ」なのか。

　肉食のトラは、アジアの森で「食べる・食べられる」という食物連鎖のトップに立っている。一方、草食のゾウは、アジア・アフリカの森で樹木を押し倒して草原をつくりつつ、種子をたっぷりと含んだフンを落としていくことで新たな森を再生している。これら生態系のカギをにぎる動物がいるからこそ、生態系は自然なバランスが保たれ、人間を含むすべての命を守る働きが生まれているのである。

JTEF
Japan Tiger and Elephant Fund

JTEF 西表島支部
やまねこ
パトロール

さらに、ＪＴＥＦが国内で保全活動に力を入れているイリオモテヤマネコも、生息地である西表島《いりおもてじま》唯一の肉食獣として壊れやすい亜熱帯の生態系を支え、日本の自然環境の豊かさを象徴する存在となっている。

トラ・ゾウ保護基金の英語名称の略称である「ＪＴＥＦ」は、「じぇいてふ」と読むことにしている。「てふてふ」は、ご存じのように「蝶々」の旧仮名遣いによる表記である。前ページの下段に掲載したロゴの、ゾウの鼻先をご覧いただきたい。蝶々が軽やかに飛んでいる姿を描いているのだが、トラやゾウが本来の生き方ができる環境であれば、小さな蝶々までもがありのままに生きられるということを表している。

私たちＪＴＥＦのメンバーは、そのような環境を守ることを目的として日々活動をしている。本書で記していくのは、その活動内容である。動物園でしか見ることのないトラやゾウ、動物園でも見ることができないイリオモテヤマネコを私たちがどのように保護しているのか、またそのための教育普及をどのように行っているのかについて詳しく説明していくことにする。読まれたことで、単に野生動物の保護にとどまらず、人の生活基盤になっている自然環境にも大きな影響があるということに気付いていただけたら幸いである。また、野生の環境を想像しながら読み進められることを願う。

もくじ

第1章 「トラ・ゾウ保護基金（JTEF《じぇいてふ》）」の仕組みと活動紹介　23

第 2 章

野生のトラを保護する活動 89

野生動物のためのソーシャルディスタンス

――イリオモテヤマネコ、トラ、ゾウの保護活動を続けるＮＰＯ

本書を、今、この地球で窮地に追い詰められても逞しく生きているイリオモテヤマネコ、トラ、ゾウに、そして彼らの行く末を憂い、小説に書きながらも忸怩《じくじ》たる思いをしていた亡き父、戸川幸夫に捧げます。

プロローグ

いくつになっても、新しい経験というのは楽しいものである。「こうだろう」と想像していたことが裏切られた瞬間、新しいことを知る。このような体験がこのうえなく楽しい。たとえそれが辛いことであったとしても、新たに知ったことは大きいものであり、これまでとは違う視点で物事が見られるようになる。

ケニアのマサイマラ国立保護区で見た地平線。こちらは晴れているのに、地平線のはるか向こうでは、その一帯だけ静かに雨が降っていた。インドでは、一頭のアキシスジカが「ケーン」と高く鳴いた途端、群れが一斉に飛び上がって逃げ去った。これは、「トラが近くに来た」というアラームコールであった。そして、夜に聞こえてきたインドサイの鳴き声は、太い幹をチェーンソーで切っているような低い声だった。このような体験、初めての場合は身体がその一点に震え、意識が集中してしまう。

そういえば、タイのバンコクから北東へ一〇〇キロほどのところにあるカオヤイ国立公園でキャンプをしたときのことだが、アジアゾウの研究者の車に乗せてもらって森林を進んだとき、突然、大きなアジアゾウが現れた。アフリカゾウよりも小さいのがアジアゾウ、と思っていた私は、そのアジアゾウ（雄）の大きさと力強さにのけぞってしまった。

そして、一九九七年、初めて降り立ったロシアのウラジオストク空港、国際線が飛び交う空港というイメージはまったくなく、ガランとした建物に小さなキオスクが一つあるだけで、土産物屋などといったものは一切なかった。

このときは、ウラジオストクから車で極東ロシアの保護区をいくつか回るツアーに参加したのだが、旧ソ連邦時代と違って極東の保護区にまで予算が振り分けられなかったのか、アメリカのNGOがアムールトラを守るためのパトロール隊を設立し、主導していた。また、ロシアに三〇頭しか生存していない大変希少なアムールヒョウのいるケドロバヤパジ国立公園では、アメリカとロシアの研究者が保護のための研究を簡素な家でともに進めていた。

昔の日本はこんな感じだったのだろう、と思わせるその村では、放し飼いとなっているニワトリを各家庭が飼っており、野生のミ

ロシアで滞在した家

極東ロシアで出会ったロシア人とアメリカ人の研究者

ツバチから取った濃厚な蜂蜜と卵を朝食に出してくれた。もちろん、このような光景に驚いたわけではない。彼らがすでにEメールを使っていたことと、パトロール隊を結成していたアメリカのNGOはすでにアメリカ政府の協力を取り付けており、アムールトラを保護するために資金提供をロシアに対して行っていたことである。

トラは、毛皮だけでなく骨を漢方薬にするために密猟され、激減していた。アメリカは、ロシアのトラというよりは「世界のトラ」を守ろうとしていたのだ。国際政治のニュースだけでは分からないアメリカとロシアの関係である。

野生動物の保護活動をはじめる

野生動物の保護活動に携わってから二〇年以上が経過した。動物文学者の父である戸川幸夫（一九一二〜二〇〇四）は、犬をはじめとして生態研究のためにキツネやカラス、そしてテンといった動物たちを飼育していた。幼いころから私は一般の人より動物とかかわってきたことになるが、父のような「動物好き」ではない。父が次のように言っていたことをよく覚えている。

「うちの娘たちは、ちっともオヤジの小説を読まない。死んでから慌てて読むんだろう」

確かに、父の本をむさぼるように読みはじめたのは、父が脳梗塞で倒れ、私が保護活動をはじめたときからだった。こんな私だが、父に連れられて大学生のときに初めて行ったケニアやタンザニアでは、動物園とはまったく違うライオン、ゾウ、キリン、そしてヒョウが生き生きと大地を駆け回っている姿を目の当たりにしている。木の下で休み、全速力で走って狩りをする動物たちに圧倒されたり、狩りに失敗してすごすごと戻ってきたり、仲間とふざけあったりしている姿を見て、強烈な印象をもったことが記憶として残っている。

それから十数年後、再び父や姉、私の家族、そして友人とともにケニアを訪れたのだが、以前と何かが違っていることに気付いた。初めてアフリカの大地を踏んだ子どもたちや姉などは、広大なアフリカで見る野生の動物たちに大興奮していたが、かつて私が見た光景とは明らかに違っていた。そう、かつてはもっと簡単に動物たちに出会えたのだ。

一九八〇年代後半のことだが、この当時、象牙のために多くのゾウが殺されていた。日本が象牙とどのようにかかわっていたのかについて、そのときは詳しく知らなかった。ただ、姉たちと同じ光景を見ながら私は、何か違和感を覚えたのだ。そして、一〇年後、子どもの手が離れて初めて訪れた極東ロシア。前述したように、そこでアムールトラの保護活動に携わる人々の姿を見て、強く思った。

当時、日本ではトラの骨が合法的に売られていたことをご存じだろうか。その多くは、トラのもつ「強さ」というイメージが優先され、科学的な裏付けもなく強壮剤や鎮痛剤として売られていたのだ。そして、そのために殺されているトラがいた。アジアにしか生存しない野生のトラ、その絶滅への歩みを私たちはただ見ているだけでいいのだろうか……。生意気にも、こんなことを考えるようになった。

帰国後、一緒に行った仲間とともに「トラ保護基金」を立ち上げることにした。漠然と、あの美しいトラが地球上から消えてしまうのは嫌だ、ましてやトラの成分の入った薬などを日本で販売し、買う人がいるからトラの密猟に拍車をかけている、トラの絶滅は断固阻止せねばならないと、私のなかに隠れていた正義感がムクムクと湧き上がってきたのだ。

そこで、野生のトラが直面している惨状を日本人に知ってもらい、救うための寄付を募ることにした。このときに集まった総額は二二三万円である。その送り先は、ワシントン条約（絶滅のおそれのある野生動植物の国際取引を規制する条約）の会議で知り合ったインドのＮＧＯ「インド野生生物保護協会」（ＷＰＳＩ：Wildlife Protection Society of India）」と、賄賂が横行するなかで厳しくナマコの取り締まりを行っていたロシアのＮＧＯがトラの保護活動をはじめたということを耳にしたので、この二団体に決めた。しかし、違法取引を活発に摘発していたＷＰＳＩの代表者であるベリンダ・ライト（Belinda Wright）氏が、私の顔をじっと見つめて次のように言った。

「支援はありがたいけど、でも、まず日本で虎骨入りの漢方薬の販売を中止してほしい。売るところがあるから、トラは殺されているのだから」

すぐに調査を開始すると、東京、横浜、川崎の漢方薬店二九店のうち、五九パーセントに当たる一七店でトラの成分を含む製品（トラの乾燥ペニス、錠剤や膠《にかわ》）が販売されていた。また、トラの骨を使った虎骨酒をメニューに載せる中華店もあったし、ずらっと棚に虎骨酒を並べている薬局もあった。そして、翌年（一九九八年）には芸能人がトラ肉を食べるという「世界の超豪華・珍品料理」というバラエティー番組が放送されたのを知り、テレビ局に対して抗議も行った。

トラが密猟されるのは各国の市場が開いているからだ、とワシントン条約の会議で話し合われ、日本にもワシントン条約事務局の特使が調査のために訪れている。迎えた日本政府は、その特使たちを、漢方薬ではなく医薬品工場を見学させている。さらに、横浜の中華街に連れていく前に、「近々、ワシントン条約事務局の調査団がトラの成分入りの漢方薬に関する販売調査に来る」と関係各位に伝えていたため、普段なら簡単に見つけられるトラの成分入りの漢方薬が店頭から姿を消していた。

虎骨酒を並べて売っていた薬局

そこで、特使の宿泊先であるホテルを訪ね、ホテル近くにある漢方薬局数軒に特使を連れていくことにした。案の定、そこには虎骨酒やペニスなどが店頭に並んでおり、普通に販売されている状況を特使は確認している。

その後、ワシントン条約の会議を経て、すでに国内販売を禁止していた中国、香港、台湾、韓国に続き、二〇〇〇年に日本でもトラの身体部分が入っている薬などの販売が禁止となった。その後も、数年ごとに私たちは調査を続行した。最初のころは、店頭には置かずに隠れて販売している店もあったが、時が進むにつれて大っぴらにディスプレイして売る店はなくなっている。

「野生動物を守る」とは

「野生動物を守る」と言っても、「守る」という言葉の理解は人それぞれで、かなりのズレがあると思われる。「自然との共存」とか「野生の生きものとの共存」といった言葉が一般的によく使われているが、この「共存」という表現の背後には、「圧倒的な人間の優位性」という考え方が存在していることが多い。さらに言えば、まず人間がいて、人間の役に立つ、または少なくとも害にならない範囲で野生動物の存在が許される、ということかもしれない。

自然環境のなかに野生の生きものが多少は存在してもいいが、人間の暮らしを少しでも脅かすようになっては困る。脅かすことになったそもそもの責任が誰にあったのかについては考えず、人間にとって都合の悪い結果が出ると生きものを排除するという考え方が、現実的な「共存」のあり方だと割り切っているように思える。

多くの人が、このような考え方をしているのかもしれない。しかし、私が考えている「守る」ということは、野生の生きものたちが本来の「あり方」のまま生きていく状態を人間が邪魔することなく、「共」にありのままに「存」在していけるようにすることである。「邪魔をしない」というのは、何十万年、何百万年もかけて進化し、存続してきた種を絶やすことなく次世代につなぐ様子をそっと見守ることである。ひと言で言えば、「温かい無視」をするということだ。

私たち人間は、野生の生きものの立場に立って考えていく必要がある。とはいえ、自分が生きるか死ぬかのときに「動物たちのために」と考えることはできないだろうし、不本意ながら、動物が自由に生きることに制限をかけてしまうことが多々ある。それだけに、口もきけず、いつもそばにいるわけでもない野生の生きものが何に困っており、何を必要としているかについて、普段から考えるように努めている。

実際、さまざまなところで行われている開発では、野生の生きものの生息地が間違いなく侵食されている。その一例として、中央インド、マハラシュトラ州にある「ナグジラ野生生物保護区」と「ナワゴン国立公園」を挙げることができる。私たちは、一〇年以上にわたってこの二つの保護区を支援し、開発を阻止するために闘ってきた。

　この二つの保護区を結ぶ森は約六二〇平方キロメートル（東京二三区の面積に匹敵）だが、この地域を大きいランドスケープで見ると、北部には世界中から観光客が訪れる「カーナ・トラ保護区」（マディアプラデシュ州）、西にディズニー映画の『ジャングル・ブック』の舞台となった「ペンチ・トラ保護区」（マディアプラデシュ州、マハラシュトラ州）、南に「インドラバチ・トラ保護区」（チャティスガル州）があり、地域全体の分断が進んではいるものの大森林地帯を形成している（日本全土の約一・三倍）。

　しかし、森の減少に伴って、保護区だけを守ってもトラは生き残れないという現実を知った。この大森林地帯の中央に位置している前者二つの保護区を結ぶ森が将来的にも健全な状態であったなら、トラはこの周辺を自由に行き来することができ、生息状況も安定するのである。

　そのため、私たちが行っている支援活動では、トラが次の保護区に移動するために通る森（コリドー・廊下）を守ることをテーマに据えた。言うまでもなく、トラがコリドーとして使っている森は保護区に指定されていないため、多くの村人が暮らしている。ガスが通っていないので、毎日、各家庭が一〇キロもの木を森から伐採して煮炊きに使っていた。

　それが理由で、この森の一部がチキンネックになっていた。チキンネックとは、森が途切れそうなほど狭くなっている場所のことである。そこで私たちは、住民の森への過剰依存を止めるために、薪量が半減となる効率のよいコンロを各家庭に配布することにした（一一八ページで詳述）。

本書に関係するインドのトラ保護区

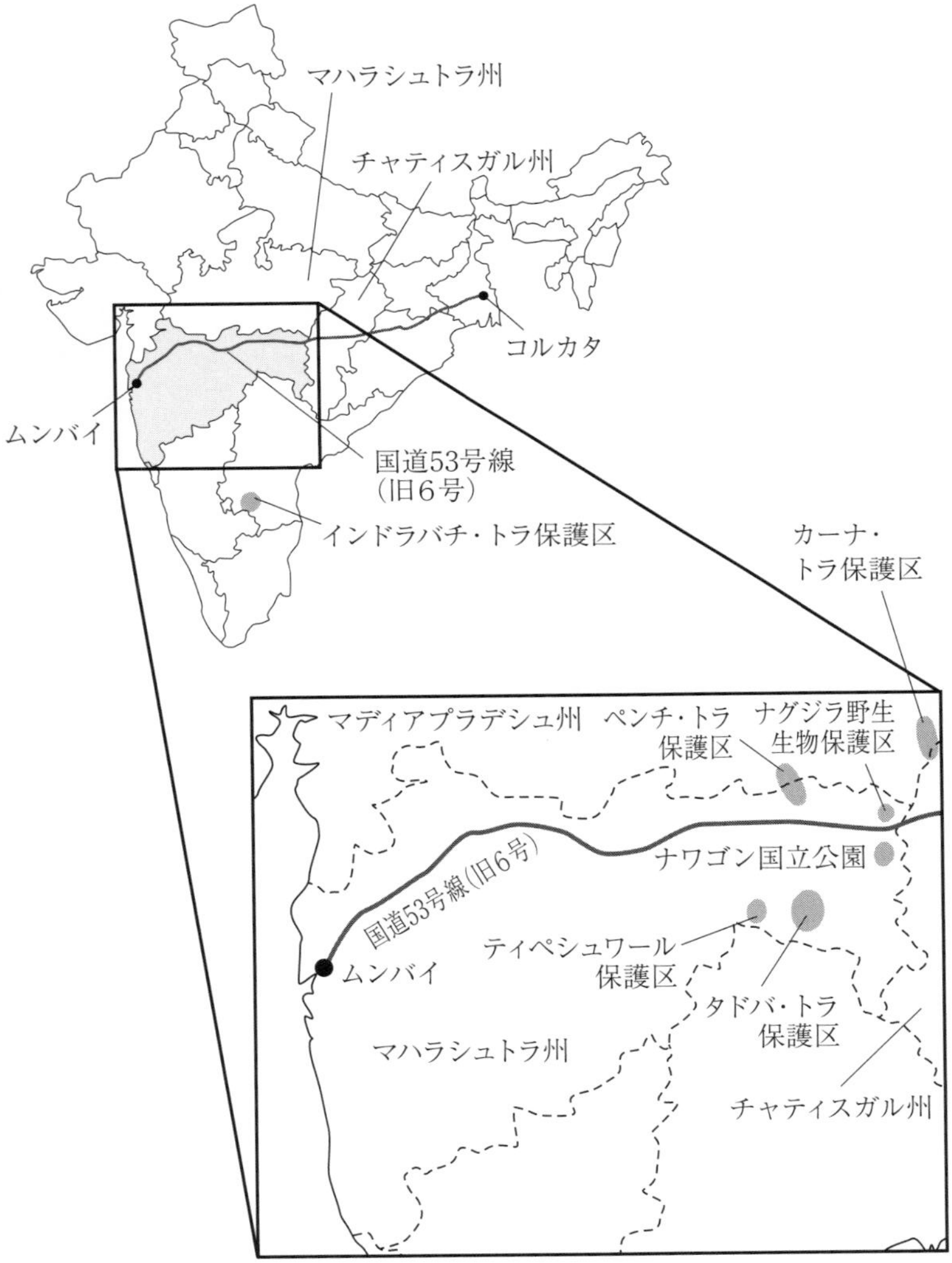

そんななか、二〇〇八年に大きな問題が起きた。二つの保護区間の森にムンバイ、コルカタという大都市を東西に結ぶ細い基幹道路（国道53号線・旧6号線）が横断しているのだが、その国道の拡幅工事計画が浮上したのだ。片側一車線だった道を中央分離帯のある二車線にするという計画で、すでに東側に位置するチャティスガル州では工事が着工されていた。

そこで、共同パートナーの「インド野生生物トラスト」（ＷＴＩ：The Wildlife Trust of India）(1)は、コリドーへの影響を最小限に留めるために、二つの保護区周辺でトラとその獲物となる野生動物の生息調査を行うことにした。国道53号線の拡幅によって交通事故が増加する懸念や、保護区が分断されることで動物たちの新しい出会いがなくなり、種の存続が危ぶまれることなどを踏まえたレポート「トラ個体群の遺伝的構造」を州の森林局と国家幹線道路機関に提出したほか、五つの重要な森林エリアについては高架橋の設置を提言している。ちなみに、ＷＴＩの調査によると、トラは六〇〇キロにも及ぶ範囲で遺伝的に交流してきたことが分かっている。

インドならではのことだが、最高裁判所での訴訟となった。最高裁判所は、野生生物保護、森林保全にかかわる事件として専門家からなる「最高裁中央特別委員会」を設置し、検討すること

(1)　一九九八年にインドの人々が設立したＮＧＯで、首都のデリーに本部がある。インドの野生生物、とくに絶滅のおそれのある種とその生息地を、地域コミュニティー（住民）と政府との協働によって保全することを使命としている。（https://www.wti.org.in/）第1章も参照。

を命じた。その後、道路拡幅によるコリドーへの影響緩和策をめぐり、ＷＴＩ（原告）と国家幹線道路機関（ＮＨＡＩ・被告）との間で応酬が続き鋭く対立したが、結局、トラのコリドーへの悪影響を十分緩和する措置を執らないかぎり工事を認めない、という判断を下した。以来、裁判所は、ＮＨＡＩと関係省庁（日本の環境省と林野庁が一緒になったような機関）とを協議させ、最終的には四か所に高架橋を設置することが決まった。残念ながら、まだ工事は進んでいないが、四〇～五〇億円規模の計画が立てられている。

野生動物を守るには、彼らの生き方を見守ると共に、彼らを苦しめる人間活動を積極的に修正する必要が出てくる。そうすることで人間も痛みを負うわけだが、当の動物はそれ以上の負担を強いられていることを忘れてはならない。それでなければ「共存」とは言えないのだ。

誰もが気付いているように、気候を含む自然環境は現在異常な状態となっている。人間は、直接野生動物に手を下すだけでなく、間接的にも影響を与えているのだ。このままにしておくと、彼らを「温かく無視」することができなくなる。このような間接的な影響についても十分に意識し、人間の振る舞いを考え直し、調整していかなければならない。

では、具体的に、どのようにして野生動物を守っていけばいいのだろうか。長年にわたって保護活動に携わってきた私たちは、これに関して次のように結論づけている。

❶生息地における野生生物の保全活動（人間のせいで生息域内およびその周縁部で生じている脅

威を取り去ること)。
❷生息地外における野生生物保全に関する教育普及と啓発。
❸野生生物保全に関する政策提言。
❹前掲の三つに直接必要とされる調査研究。

野生動物の生息域内に住み、共存の最前線にいる住民がその意義を理解し、自ら野生動物への負荷を減らして共に暮らすことを誇りとして捉えるようになることが重要である。私たちがコミュニティと共に行っている活動は、前述したようにインドでは、地元住民たちが煮炊きに使っている薪の量を半分に減らし、健康被害も減少させる煙突付きコンロの配布や、森に過度に依存せずに自立できるよう実のなる木を庭に植えて、その実からジャムなどの製品をつくる方法から販売までの支援を行っている。また若者に対しては、この地域ならではの観光ガイドに関する教育を行っている。

のちに詳しく述べるが、沖縄県の西表島《いりおもてじま》では、生物多様性の重要性、森を守る意義などについて子どもたちに出前授業を行っているほか、住民が主体的に取り組む交通事故防止の夜間パトロールを推奨している。これらの取り組みを生息域外で暮らす人たちに臨場感をもって伝えれば、生息地で野生動物と共存している人たちの現実について学ぶ機会を提供することにもなる。

象牙、毛皮、骨などを目的とした密猟などで動物たちを脅かしている者たちは、法律によって厳罰に処されなければならない。そのためにもさまざまな調査を行い、証拠を見せつけ、厳罰化の必要性をありとあらゆる方法で為政者に伝えることもさらに重要となる。

なにがしかの保護活動にかかわっている人はご存じだと思うが、これらのことは順を追ってやっていけばいいというものではない。すべてを同時並行的に、四方八方から攻め立てなければ前に進むことができないのだ。これらの方法が「功を奏する」ことになるのだが、そう簡単には進まないというのが人間社会である。このあたりについても本書で述べていくことにする。

今がラストチャンスとなる絶滅への脅威を止める象牙問題、地球上に四〇〇〇頭はいないと言われる野生のトラの保護、さらに、日本ではわずか一〇〇頭ほどしか生き残っていないイリオモテヤマネコを次世代まで野生のままで残せるかという問題――これらをテーマとして、私たちは長年にわたって闘い続けている。

念のために言うが、「トラやゾウが大好きだから」という理由で活動しているわけではない。この動物たちとその生息地を守ることが地球を守ることになり、共に暮らす人間にとって重要な自然環境を守ることにつながるからこそ活動を行っているのだ。

私たちの活動に共感して、何十年も共に歩いてくれている人たちが大勢いる。これらの人たちの後押しが大いなる励みとなっているが、関心のない人の心を動かすことは無理なのか、と思ってしまうときもある。とはいえ、昨今の異常気象から環境問題について考える人たちが増えてきているというのも事実だ。切っ掛けは何でもいい。ペットの犬や猫に家族と同じ愛情をもつ人々も多いのだ。野生動物とペット、言うまでもなく大きな隔たりはあるが、動物への愛情は同じである。どこかで関心をもってくれるはずだと考えて、普及活動を続けている。

本書では、こんな私たちの活動を紹介していくが、一般的な「野生動物保護」に対するイメージとはずいぶん違ったものになっているかもしれない。たとえば、野生動物よりも人間を相手にしているほうが多いのではないかと思う人もいることだろう。そのとおり、私たちは野生動物を守るために人間を相手に悪戦苦闘しているのだ。これこそが野生動物保護の本質だと確信して、私たちは活動を行っている。「どうして？」といった疑問や興味をもって、本書を読み進めていただければありがたい。

トラ、ゾウ、イリオモテヤマネコに関する保護活動の詳細について各章で述べていくわけだが、私には忘れることのできないイリオモテヤマネコとの最初の出会いがあるので、それについて簡単に述べておきたい。

二〇一一年六月、西表島《いりおもてじま》で通行車両のスピードを減速させるための夜間パトロールを開始するにあたり、地元のパトロールメンバーと打ち合わせをしていたときのことである。アドバイサーとして来てもらっていた岡村麻生さん（当時、環境省「野生生物保護センター」に所属する自然保護専門員）の携帯電話が鳴り、「ヤマネコが車にひかれた！」という連絡が入った。急いで駆け付けた岡村さんが目にした光景は次のようなものだった。

ひかれたヤマネコはメスで、出産したばかりだという。即死だったが、腫れた乳首からはおっぱいが出ていたそうだ。ヤマネコのお母さんは、危険から守るために生まれたばかりの赤ちゃんをびっしりと茂った藪の奥に隠して道路を渡り、餌を取るために出掛けた。お腹いっぱい食べて、赤ちゃんにたっぷりお乳をあげるためであろう。そして、その帰り道にひかれたという。

母ネコが敵から守るために上手に隠した赤

車にひかれたイリオモテヤマネコの乳房を見るとおっぱいが出ていた

ちゃんヤマネコを保護官らが何日間も探し続けたが、残念ながら見つけることができなかった。メスのヤマネコ一頭の事故死、興味のない人にとっては「あ、そう」というひと言で終わってしまう出来事かもしれないが、この一頭だけでなく、将来の種の存続にも影響を与えることになるのだ。事実、妊娠しているヤマネコがひかれることも時々あり、お腹の子とともに三頭を一度に失うケースもある。

最近では、道路近くで同じ個体がたびたび目撃されている。子どものヤマネコのことが多いのだが、この事実は、車にひかれたカエルやカニを母ネコが捕り、道路の近くで子育てをしていた可能性を物語っている。また、近づいてくる人間に「怖さ」を感じなくなってしまったヤマネコが増えているという事実もある。

人とヤマネコの行動圏が重なっている西表島《いりおもてじま》では、互いが出会うこともある。とくに子ネコだった場合、「可愛い～」と言って近づいていかなければ、また写真を撮ろうとして近づくことなく、ある程度の距離を保って「温かい無視」をしてくれていれば、ヤマネコが人間に慣れることはない。人に慣れてしまったヤマネコは、平気で道路に出てくるようになる。そして、交通事故に遭ってしまうのだ。

野生動物は、私たちが好きなときに見つめたり、触ったりできない。また、そうすべき存在ではない。それゆえ、野生動物の保護活動は縁遠いことのように思われてしまうかもしれない。しかし、水場近くの柔らかい土の上に残された足跡や路上に残されたフンを見つけて、「あ、近くにいたんだ」とちょっと嬉しくなる。こんな気持ちに共感していただきたい。

時代の変化が激しい現在、野生動物と人間とのつながりは今後どのようになっていくのだろうか。インターネットの普及、ＡＩ技術の発達に伴い、一般の人と野生動物とはバーチャルなつながりが中心となっていくのかもしれない。野生にいる実際の動物たちではなく、人工的につくり上げられた野生動物らしきものが、人間社会のなかで本来の生態とは違う行動を見せるようになるかもしれない。

このようなことが自然や野生の世界から切り離された都市の話となり、野生の世界に手を付けないならばそれもいいかもしれない。しかし、自然環境を人工的につくり替えてはならない。そんなことをしてしまうと、野生動物だけでなく人間もひどい「仕打ち」を受けることになる。

今、全世界を震撼させている新型コロナウィルスも、頻発する自然災害も、野生生物を重要な構成要素とする自然の営みが続けられてきた時代から、人間が増えたことで強大な生活空間を形成し、土地や資源が足りなくなると辺境の地まで入り込んで自然環境をつくり替え、本来のバランスを崩したことが理由ではないだろうか。

コロナ禍で私たちは、今後の生き方を考える機会を得た。人口減少の進む日本の場合、経済大国を目指し、膨張し、拡大していくことで目先の豊かさを追うといった生活から、身の丈に合った優しさを軸とした、真の豊かな生活へ転換するという時期に来ているのではないだろうか。にもかかわらず、野生動物を取り巻く自然環境は日々確実に狭められている。今後、私にとっての新しい経験や出会いが望ましいものではないかもしれないが、そこから逃げるわけにはいかない。野生に生きる動物たちが彼らの「しきたり」に従って生きていくために、それを支える新たな手段を考え続け、闘っていきたい。

みなさんがこれから読む本書は、「トラ・ゾウ保護基金（ＪＴＥＦ）」の闘いの記録と同時に、私たちの自然保護観を示すものとなっている。可能なかぎり写真などを掲載し、普段は見ることのない「大自然」に生きる野生動物たちの姿も紹介していくので、関心をもって読み進めていただければ幸いである。

第

1

章

「トラ・ゾウ保護基金(JTEF《じぇいてふ》)」の仕組みと活動紹介

作画：田中豊美

「トラ・ゾウ保護基金」のスタッフと賛同者

「プロローグ」で述べたように、私たちの役割は、野生の生きものの立場に立ってその世界を守る活動を通して、生物多様性と人の豊かな自然環境を守ることである。一九九七年に「トラ保護基金」、二〇〇〇年に「ゾウ保護基金」を設立し、同年、「野生生物保全論研究会」(JWCS)のプロジェクトの一つになった。そして、二〇〇九年にJWCSから独立して、NPO法人「トラ・ゾウ保護基金」の設立となった。同時に、「イリオモテヤマネコ保護基金」を新プログラムとして加え、二〇一一年に「認定NPO法人」となり、二〇一六年に「西表島《いりおもてじま》支部やまねこパトロール」(以下、やまねこパトロール)を設立している。

イリオモテヤマネコの保護活動地は、ご存じのように日本国内の西表島であるが、トラとゾウの保護活動は海外となる。それぞれの活動内容についてだが、企画運営といった事務的な作業など、いったい何人で行っているのか察しがつくだろうか。実は、左ページの表に示したメンバーと、機会あるごとに依頼しているアルバイトやボランティアのみなさんという少人数で行っている。もちろん、私たちが各動物の生態などについて完全に精通しているわけではないので、それぞれ現地に心強いパートナーがいる。そのメンバーを、届けられたメッセージと共に紹介しておこう。

表　JTEFの仕組み

JTEF 事務局（本部）	**役 員**
戸川久美（理事長） 坂元雅行（事務局長理事／弁護士） 佐藤尊子（プログラムマネージャー） 会員・経理担当者	朝倉淳也（理事／弁護士） 戸田耿介（理事／元兵庫県立人と自然の博物館主任研究員） 羽山伸一（理事／日本獣医生命科学大学教授／野生動物学・獣医学・獣医師） 辻村章（監事／株式会社末広商会代表取締役）
JTEF 西表島支部　やまねこパトロール 高山雄介（事務局長） やまねこ夜間パトロールメンバー	

＊ JTEF 西表島支部やまねこパトロールは、近い将来、沖縄県のNPOとして独立する予定となっており、本部は後方支援をすることになる。

まずは、インドでお世話になっている「インド野生生物トラスト（WTI）」（一三ページ参照）の事務局長であるビベック・メノン（Mr. Vivek Menon）さんからのメッセージを紹介しておこう。WTIは、デリーにある本部以外にも各プロジェクト実践地にそれぞれスタッフを配置しており、総スタッフ数は二〇〇名近い。JTEFの活動地でも、多くの常駐スタッフが協力してくれている。

インドには豊かな生物多様性があります。またインドの人々は、文化的・信仰的に野生生物とその環境の保護に強い思いを持っていて、法律もこれを後押してします。日本は、野生生物製品が売られている主要な国の一つです。日本国内で

保全の努力がなければ、インドのような生息国だけの努力では密猟を防ぎきれません。日本の人々の心ある行動はインドの野生生物の未来にとって大きな意味を持ちます。JTEFとWTIは大変重要な共同プロジェクトを進めています。JTEFを通して、トラやゾウを代表とするインドの野生生物と生物多様性保全にご協力をお願いします。

そして、西表島では、「イリオモテヤマネコ生息地保全調査委員会」の土肥昭夫さん（生息地保全調査委員会委員長／元長崎大学教授・動物生態学）が協力してくれている。土肥さんから届いたメッセージは次のとおりである。

イリオモテヤマネコは地球上で唯一、西表島のみに生息する希少な野生ネコです。数万年も前に大陸から隔離されて以来、面積わずか二八九平方キロメートルの小島でイリオモテヤマネコが生き延びてきたのは、奇跡です。西表島には独特な進化を遂げたイリオモテヤマネコをはじめとする世界的に貴重な生態系が存在しますが、近年、人の開発による生態系撹乱は留まることを知らず、イリオモテヤマネコの絶滅を回避するにはその生息地の保全が最重要です。ヤマネコと人との未来のため、西表島民をはじめ国内外の多くの皆様のご理解とご協力、ご支援をお願いいたします。

お二人のほかにも、「専門家アドバイザー」として協力していただいている三人がいる。簡単に紹介するとともに、それぞれからいただいたメッセージを紹介しておきたい。

ラーマン・スクマール博士（Raman Sukumar, PhD）――アジアにおけるゾウの専門家で、インド科学院生態科学センター長（教授）である。国際自然保護連合・種の保存委員会（IUCN/SSC）アジアゾウ専門家グループ元委員長でもあり、インド野生生物トラスト（ＷＴＩ）の協力団体であるアジア自然保護団体（ＡＮＣＦ）の理事長である。インド政府による「プロジェクト・エレファント」の運営委員をされ、「インド野生生物理事会」の委員でもある。

野生のゾウは日本では見られませんが、日本の人々はずっと以前からこの動物に魅せられてきたと思います。インドのネール首相から東京上野動物園へゾウが送られたときの喜びは大変なものだったとお聞きしています。そこで是非、訴えたいことがあります。象牙でつくられたハンコを使うことがアジアとアフリカのゾウにいかに大きな影響を与えているかということに思いを馳せていただきたいのです。そして、自然界が未来の世代にとって不毛な世界にならないためにも、この高度に社会的で、繊細でそして賢い生きものの保全を支援していただければと思います。

川西加恵博士（Kae Kawanishi, PhD）――マレーシアに在住しているマレートラの研究者である。国際自然保護連合・種の保存委員会（IUCN/SSC）ネコ専門家グループの委員で、マレーシア政府野生生物国立公園局専門家アドバイザー（二〇〇六年まで）を務めた。二〇〇六～二〇〇八年に「マレーシア・トラ国家行動計画」起草委員会の座長を務め、行動計画を実施するため関係団体「ネットワークマレーシア自然保護連合（ＭＹＣＡＴ）」の設立を支援された。また、「タマンネガラ・トラプロジェクト」の主任野生動物学者でもある。

人間は自然に適応し、また支配を及ぼしてきました。人間による攪乱から逃れ野生状態のままの場所は、残念ながら今日のアジアにはほとんどありません。だから、多くの日本人にとって、「野生」はぼんやりした概念かもしれません。しかし、祖先からの偉大な自然に対する敬いと畏れは、私たちの血の中に染み付いています。トラは、私たちの暮らしが依存する健全な生態系を象徴しています。私たち世代で野生のトラはいなくなってしまうかもしれません。時間との闘いです。地球に創造されたもっとも荘重で美しい動物を救うため、明日ではなく今、ＪＴＥＦを支援して下さい。

岡村麻生博士（Okamura Maki, PhD）――「西表大原ヤマネコ研究所」（Iriomote Cat Habitat

Conservation Research）に所属している。一九九二年、西表島でイリオモテヤマネコの研究を開始し、二〇〇二年、九州大学でイリオモテヤマネコの繁殖と社会システムに関する研究で学位を取得した。二〇〇二年から「環境省西表野生生物保護センター」に自然保護専門員として勤務する傍ら、低地部のヤマネコのモニタリング、交通事故防止対策などに取り組んでいる。二〇一三年から、「西表大原ヤマネコ研究所」（所長：土肥昭夫長崎大学名誉教授）の所長代行となり、イリオモテヤマネコ保全にかかわるさまざまな課題について、西表島に在住しながら関係機関に専門的な立場から助言を続けている。

イリオモテヤマネコは世界でもっとも小さな島に住む、とても珍しい生態をもつヤマネコです。また、ほかに肉食獣のいない西表島では食物連鎖の頂点として生態系のなかで重要な位置にいます。その一方で、少なくとも五〇〇年以上の間、西表島の人間の歴史を見守り、美しい伝統文化を育んできた島の豊かな自然の重要な一つでもあります。現代はヤマネコと人とのかかわり方が急激に変わってしまいましたが、島の人たちが愛してきた西表島の豊かさがこの先も健全な形で存続していけるように、ＪＴＥＦとともに人とヤマネコの橋渡しができたらと思っています。

このような方々からサポートを得ながら私たちは保護活動を行っているのだが、移動費や滞在費といった諸経費をどこから捻出しているのであろうか。

海外での活動が多いことから十分な予算があるのだろう、と思われるかもしれないが、あいにくとそれほど潤沢ではない。これについてものちに説明をさせていただくが、年間予算は二〇〇〇万円ほどでしかない。NPO法人であるから、もちろん、稼ぎ出しているわけではない。その多くがさまざまな助成金であり、私たちの活動に賛同してくれている方をはじめとして、たくさんの方々から寄付金をいただいている。

とくに、JTEFの幹事である辻村章さんには大変お世話になっている。JTEFの事務所が港区虎ノ門という一等地のビルにあるのも、オーナーである辻村さんからのご支援の賜である。トラやゾウの保護活動を開始したときから二〇年以上、長きにわたってJTEFの活動に共感して支えてくれている。

JTEFは主要国の大使館、永田町の議員会館、霞が関にある国家機関に出向くことが多いため、歩いて行ける距離に事務所があるのは大変便利だ。さらに、「虎ノ門」という地名から、夏祭りや秋に開催される町会のイベントでは、町会のみなさんが「(寅さんではなく）トラさんに」と言って、JTEFへの寄付となるトラのTシャツをユニフォームとして身につけて、多いに盛り上げてくれている。

参考までに、ＪＴＥＦへの賛同者として協力をいただいている方々の名前と所属を表として掲載しておく。たくさんの方が賛同者になって協力してくれているわけだが、二〇〇九年に「トラ・ゾウ保護基金」として独立した際にお願いした方々ばかりである。所属が大学という研究者の方々は野生動物学や環境教育学などを専門としており、活動プログラムの検証や助言をお願いしている。また、現在の所属とは違うが、元動物園の園長さんたちは、以前、パネル展やトークショーなどで動物園と野生動物をつなげるプログラムを行った際にお世話になった方々である。

一方、画家などアート関係の方々は、ＪＴＥＦの理念に賛同してロゴをつくってくれた井上奈奈さん、Ｔシャツなどといったグッズのデザインを手掛けてくれたヒサクニヒコさん、田中豊美さんや相澤登喜恵さんが、野生動物の現状をそれぞれの活動において一般の人に分かりやすく伝えてくれている。さらに相澤登喜恵さんは、ご自宅のある逗子周辺の方々と任意団体をつくり、鎌倉大仏フェスティバルに毎年出展をし、その売り上げを寄付してくれていた。

「画壇の芥川賞」と言われる「安井賞」を受賞された画家の小林裕児さんに関するエピソードを紹介しておこう。二〇一〇年の寅年を前に上野動物園でトラのデッサンを試みていたとき、トラ舎の壁にＪＴＥＦのトラ保護活動パネル（五〇ページで詳述）が飾られているのを小林さんが発見され、お正月明け早々、事務所に電話をいただいた。

寅年にちなんで小林さんは、コントラバス奏者の演奏のもと、劇作家が考えたストーリーに合

表　賛同者のみなさん（アイウエオ順）

相澤登喜惠さん（動物肖像画家）
新井晴みさん（俳優）
安藤元一さん（ヤマザキ学園大学名誉教授・故人）
池田卓さん（シンガーソングライター）
井上奈奈さん（現代アーティスト）
岩田好宏さん（子どもと自然学会顧問）
牛越峰統さん（一般社団法人 日本プロサーフィン連盟名誉顧問）
大森享さん（元北海道教育大学教授）
岡田彰布さん（野球評論家）
小川潔さん（東京学芸大学名誉教授）
加藤登紀子さん（シンガーソングライター）
蟹江杏さん（版画家）
見城美枝子さん（青森大学副学長・エッセイスト）
巨勢典子さん（作曲家・ピアニスト）
小林裕児さん（画家）
権藤眞禎さん（前社団法人 兵庫県自然保護協会理事長、元神戸市立王子動物園園長）
坂本美雨さん（ミュージシャン）
沢田研二さん（歌手）
瀬木貴将さん（ミュージシャン、JTEF 野生動物親善大使）
田中豊美さん（動物画家）
田中裕子さん（俳優）
田畑直樹さん（公益財団法人日本動物愛護協会理事長）
土居利光さん（前恩賜上野動物園園長、日本パンダ保護協会会長）
並木美砂子さん（帝京科学大学教授）
根本美緒さん（フリーキャスター・天気予報士）
南ぬ風人まーちゃんうーぽーさん（三線アーティスト）
ヒサクニヒコさん（漫画家）
平岩弓枝さん（作家）
福井崇人さん（2025PROJECT 理事）
福田豊さん（恩賜上野動物園園長）
藤木勇人（志ぃさー）さん（噺家）
古沢広祐さん（國學院大學教授）
前川貴行さん（動物写真家）
松田陽子さん（シンガーソングライター）
水野雅弘さん（株式会社 TREE 代表・プロデューサー）
三石初雄さん（東京学芸大学名誉教授）
宮下実さん（ときわ動物園園長・元近畿大学教授・大阪市天王寺動物園名誉園長）
村田浩一さん（日本大学生物資源科学部特任教授）
森川純さん（酪農学園大学名誉教授）
八千草薫さん（俳優・故人）
山極寿一（京都大学総長／進化論・生態学・環境生物学・動物学）
山﨑薫さん（学校法人ヤマザキ学園理事長）
吉野信さん（動物自然写真家）
渡辺貞夫さん（ミュージシャン）

わせて踊るパフォーマーと共に壁に大きくトラの絵を描くというライブパフォーマンスを考えていたのだが、そのときの入場料を「五番目の出演者であるトラに寄付したい」と申し出てくれたのだ。そして翌年からは、小林さんの知り合いである画家やＪＴＥＦ賛同者の画家たち四〇人ほどで、「トラやゾウを守るチャリティー絵画展」を五年ほど続け、そこから寄付をいただいたこともある。画家たちは口をそろえて、「自然のなかの動物のもつ色彩は素晴らしい。画家も、何か恩返しができれば嬉しい」と言われ、感動したことを覚えている。

一方、トラやゾウ、イリオモテヤマネコの野生での写真は貴重なものとなる。四年前に亡くなられた田中光常《たなかこうじょう》先生（一九二四〜二〇一六）が撮られた写真は、どれも動物たちへの愛情を感じることができ、ＪＴＥＦでも大切に使わせていただいている。また、動物自然写真家の吉野信さんは、四〇年以上前、私が初めてアフリカ旅行に行ったとき

小林裕児さんのパフォーマンス

にご一緒している。ホテルで、じっと動物が出てくるまで夜中も動かずにチャンスを待ち続ける姿勢を間近に見て、動物カメラマンは根気のいる仕事だとつくづく思った。その後、今日に至るまで個展でのトークショーなどを開催してもらっているほか、写真を無償で貸与してもらっている。

動物写真家の方々もそれぞれ違うコンセプトや特徴があり、さまざまな写真を借りられることは本当にありがたい。このような方々のお力添えをいただき、一般の人々に野生動物の惨状が伝わるように活動をしているわけだが、動物たちのために、すべての作品を心して使わせていただくと毎回肝に銘じている。

音楽関係者に関するエピソードも紹介しておこう。

南米のサンポーニャ（日本の笙《しょう》に似ている）やケーナ奏者である瀬木貴将さんは、南米だけでなく南部アフリカやインドなどへ行っては野生の世界に浸りながら音楽をつくり続けている。そして、日本全国でライブコンサートをするとき、会場や主催者が許すかぎり野生動物の危機について話をしたり、ＪＴＥＦの募金箱を置いて募金を呼びかけてくれている。ある日、「ＪＴＥＦ野生生物親善大使という名刺をつくってほしい」という申し出を受け、早速つくらせていただいた。

そういえば、瀬木さんのファンがＪＴＥＦの会員になってくれている。自然の雄大さを感じる瀬木さんの音楽を聴いていると、知らない世界であっても、野生の美しさをいつまでも残したいと感じて会員になってくれたようだ。

女優さんも何人かいる。そのなかでも、二〇一九年一〇月二四日に逝去された女優の八千草薫さんを忘れるわけにはいかない。ＪＴＥＦ設立以前の「トラ保護基金」の時代から二〇年にわたり、ずっと寄付を続けてくれたほか、多くのグッズも買い求めてくれた。また、機会あるごとに、あの可憐な話し方で野生動物が生存している自然環境の大切さを話してくれた。ここに、謹んでご冥福をお祈りしたい。

ＪＴＥＦの賛同者として名を連ねている方々には、「名前を貸しているだけ」という方はほとんどいない。たまたま何かの切っ掛けでご一緒したときに現状を話してかかわってくれた方もおれば、父戸川幸夫の関係でつながっていた方もいるが、父の死後もずっと付き合いが続いていることをはじめとして、みなさんから長きにわたってご支援をいただいている。

そういえば、岡田彰布氏が阪神タイガースの監督を務めていたとき（二〇〇三年〜二〇〇八年）、「タイガーデー」（二〇〇八年）という日を夏休み中に設け、甲子園球場でインドのトラ担当者（ＷＴＩ）を招待して始球式をしてもらったほか、団扇などを観客に配布したこともある。

ちなみに岡田氏は、二〇〇六年三月六日、絶滅が危惧されている野生のトラを保護するため、「トラ保護基金」に対して「二〇〇六年シーズンの公式勝利数と同じ数だけのトラ保護レンジャー用の装備を寄付する」と表明し、その年の勝利数と同じ八四個分の装備品代金となる七五万六〇〇〇円（一セット約九〇〇〇円）の寄付をしてくれた。この寄付は、二〇〇八年まで三年にわたって続けられた。その活動が評価され、一二月一二日にはインド政府から、「阪神の最後まで諦めない姿勢に勇気づけられた。支援に非常に感謝している」などと記された感謝のメッセージが岡田氏に贈られている。

名前を挙げさせていただいた賛同者のほかに、「サポーター」、「正会員」とされる人が約四〇〇名いる。のちほど詳しく説明するが、さまざまなイベントなどで私たちの活動のことを知り、会員となった人々である。二〇一八年度における詳細は左の図のとおりであるが、このような資料を作成するたびに、私たちの告知力のなさを痛感してしまう。それだけに、本書において社会に訴えていきたいと考えている。

観客に配布された団扇

インドのトラ担当者が始球式

ＪＴＥＦでは、新規の入会者にはアンケートを実施している。全員がアンケートに答えているわけではないが、多くの新規会員がマスメディアなどではなかなか報道されない野生動物たちの危機的な現状に関心をもっており、「どのようにかかわって助けていけばいいのかについて伝えてほしい」と言っている。

そう、知ってもらうことが重要である。会報や通信だけでなく、もっと頻繁にＳＮＳも更新しなければならないと気持ちを新たにすると同時に、今後、さまざまな機会で同じようなアンケートを取って、私たちの活動を広めていくための参考資料としていきたい。

図　サポーター・正会員　404名

（2018年度：2018.11.1〜2019.10.31）

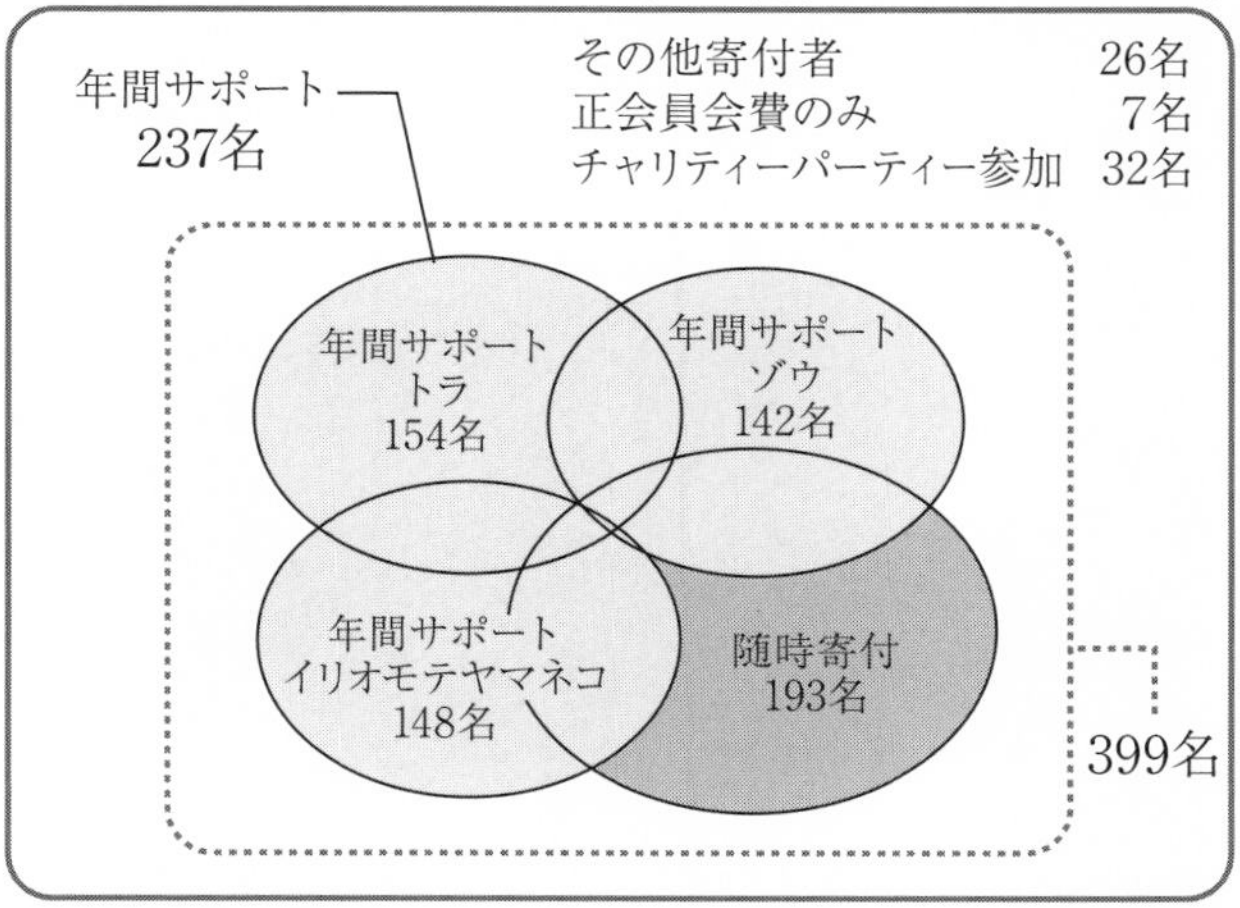

※「その他寄付」：上記表から除いている法人等20団体寄付と、「結」および瀬木様コンサート募金など個人または団体が企画実施された募金からのご寄付５者を合わせた合計26名。

「トラ・ゾウ保護基金」の財政状況

ＪＴＥＦの収益の特徴は、先にも少し述べたように、大部分が個人の寄付金に頼っている。一九九七年に「トラ保護基金」を立ち上げたときからの寄付者も数多くいるが、その後、トラだけでなくゾウもイリオモテヤマネコもと、一人で三種に対して支援してくれるというケースも増えている。みなさん、「トラが好き」、「ゾウが好き」というよりは、ＪＴＥＦの活動理念となっている「トラやゾウ、イリオモテヤマネコが自立して生きる環境を守る」というところに意義を感じて寄付をされているようだ。

収益の内訳に関しては四〇ページの表を参照していただきたいが、民間の助成金にも申請しており、いくつかの組織からいただいている。これらの助成金も、ＪＴＥＦの活動を理解していただいているものと思っている。

とはいえ、助成金を申請する多くの団体のなかから選ばれ、助成金をいただけるまでの申請手続きは結構大変である。日本では、まず野生動物の保全に対して助成をうたっている団体が少ないうえに、自然環境分野においては、結果が目に見える植林活動などが助成対象として選ばれるケースが多い。何といっても野生動物の保護活動の場合は、ゾウが何頭増えたとか、トラの密猟が何件減ったとか、ヤマネコの交通事故防止で走行車両の速度が何キロ減速したなどと結果を示すことができないため、助成対象となりにくい。もちろん、助成団体としても、助成金を出す以上、結果が見えたほうがモチベーションが上がるということだろう。

そんななか、ＪＴＥＦの活動を理解して、数十年にわたって助成金を出してくれている団体が何軒かある。まず、「公益財団法人 緑の地球防衛基金」（「ＳＭＢＣファイナンスサービス株式会社」と提携：クレジットカード「地球にやさしいカード」による助成）である。この団体は、さまざまな環境問題に対してそれぞれのクレジットカードをつくり、そのカードの目的にあった団体への寄付を三〇年近く続けている。ＪＴＥＦは、そのカードのなかから「アフリカゾウを守る」カードを選んで使ってくれている人から寄付をいただいている。また、アメリカの環境保全団体「ＥＩＡ（Environmental Investigation Agency U.S.）」からの助成もすでに五年以上となっている。

インドのトラ保全活動に関しては、三年継続で「公益信託地球環境日本基金」から寄附をいただいている。また、イリオモテヤマネコも、「公益財団法人自然保護助成基金」をはじめとして、アウトドア企業の「キーン・ジャパン合同会社」、「パタゴニア社日本支社」からの助成金、沖縄県、そして環境省からは「ヤマネコ交通事故防止対策事業」で補助金をいただいている。

これらの助成はいずれも長期支援なので、翌年の事業を計画し、予算を組むときに大変助かっ

収入・支出（JTEF 第11期：2018.11.1～2019.10.31）

収入

受取助成金	7,922,150	43.09%
受取会費	90,000	0.49%
受取寄付金	10,371,955	56.42%
受取利息	280	0.00%
合計	18,384,385	

支出

生息地保全活動支援金	7,563,555	41.72%
生息地外における保全教育・普及	2,699,543	14.89%
保全に関する政策提言	3,550,239	19.58%
チャリティー・イベントの開催	0	0.00%
会報発行	1,154,077	6.37%
管理費（人件費・水道光熱費・消耗品費、その他）	3,163,855	17.45%
合計	18,131,269	

ている。ＪＴＥＦが行わなければならないと思っている事業に賛同してくださっているうえでの助成のため、私たちにとっても非常にありがたいものとなっている。

とはいえ、ＪＴＥＦのような野生動物保護活動では、突然かつ緊急に支援が必要とされることがある。また、野生の生きものを相手にしているために、スケジュールどおりに進まないことも多々ある。これらに対応するために、ある程度予備費を取っておきたいところだが、現実には、なかなかそこまで予備費を確保することはできていない。しかし、かぎられた予算を一二〇パーセント有効活用しているという自負はある。

活動の対象となるのは野生動物、そしてエリアは広域である。それだけに、野生動物の現状を可能なかぎり広く社会に訴えて、会員やサポーターを増やす「広報活動」に力を入れていかなければならない。このような短期的な目的とともに、長期にわたる活動も必要である。それが、次節で紹介するＪＴＥＦの教育普及活動である。この活動を知っていただくことで、ＪＴＥＦの視点というものがより分かってもらえるのではないかと思っている。

トラに関する教育普及

うえのトラ大使

二〇一三年度から三年計画で、上野動物園、上野観光連盟、そしてＪＴＥＦの共同で、「第一期生うえのトラ大使」事業を行った。台東区立の小学校四校より選ばれた、トラ好きの小学三・四年生（応募当時）の男女合計七名を「トラ大使」に任命した。活動の目的は、「トラの生態や生息環境について学習し、保全の重要性について周囲の人々へ発信する」ことであるが、単に知るだけでなく、大使自身が学んだことをもとに発信するというスタイルが特徴となっていた。

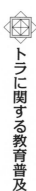

一年目は、トラの頭骨や毛皮、足の爪などを実際に手に取って動物園の普及啓発担当者から学び、その後、バックヤードで実際のトラを観察した。間近に見た足の大きさとか、前足を檻にかけて立ったトラの大きさに驚き、迫力満点でみんな大喜びだった。

次は、ＪＴＥＦがつくった「トラになってみよう」というゲームを体験して、トラの生態や社会を知った。縄張りをもったオスのトラ、子育て中の母トラ、そして独り立ちしたばかりで縄張りをまだもっていない若いトラになって、野生の生活を体験するというものであった。

保護区に隣接している森には人間の住む村もあり、ウロウロしている家畜がトラに殺されるということも多い。家畜を守るために、周囲にはたくさんの罠が仕掛けられている。野生のトラにとっては、獲物を獲るのもひと苦労なのだ。とくに、独り立ちしたばかりの若いトラは、まだ森でシカなどが獲れないために、獲物となる家畜を獲ろうと村に行くことになる。罠に引っかからないように獲物を獲ったり、水浴びをしたりと、ドキドキしながらのゲームとなった。

今まで、「トラって強いから好き！」と言っていた子どもたちだが、ゲーム終了後は、「トラも生きていくのが大変だなぁ」と、見る目が少し変わったようだ。

次の回は、学んだことを「双六」にするという作業となる。振り出しから上がりまでの間に、罠があったり、密猟者と出会ったり、山火事があったり、獲物が獲れなかったりと、簡単に上がりまでたどり着けない。しかし、これらのトラブルは現実のトラが遭遇することである。子ども

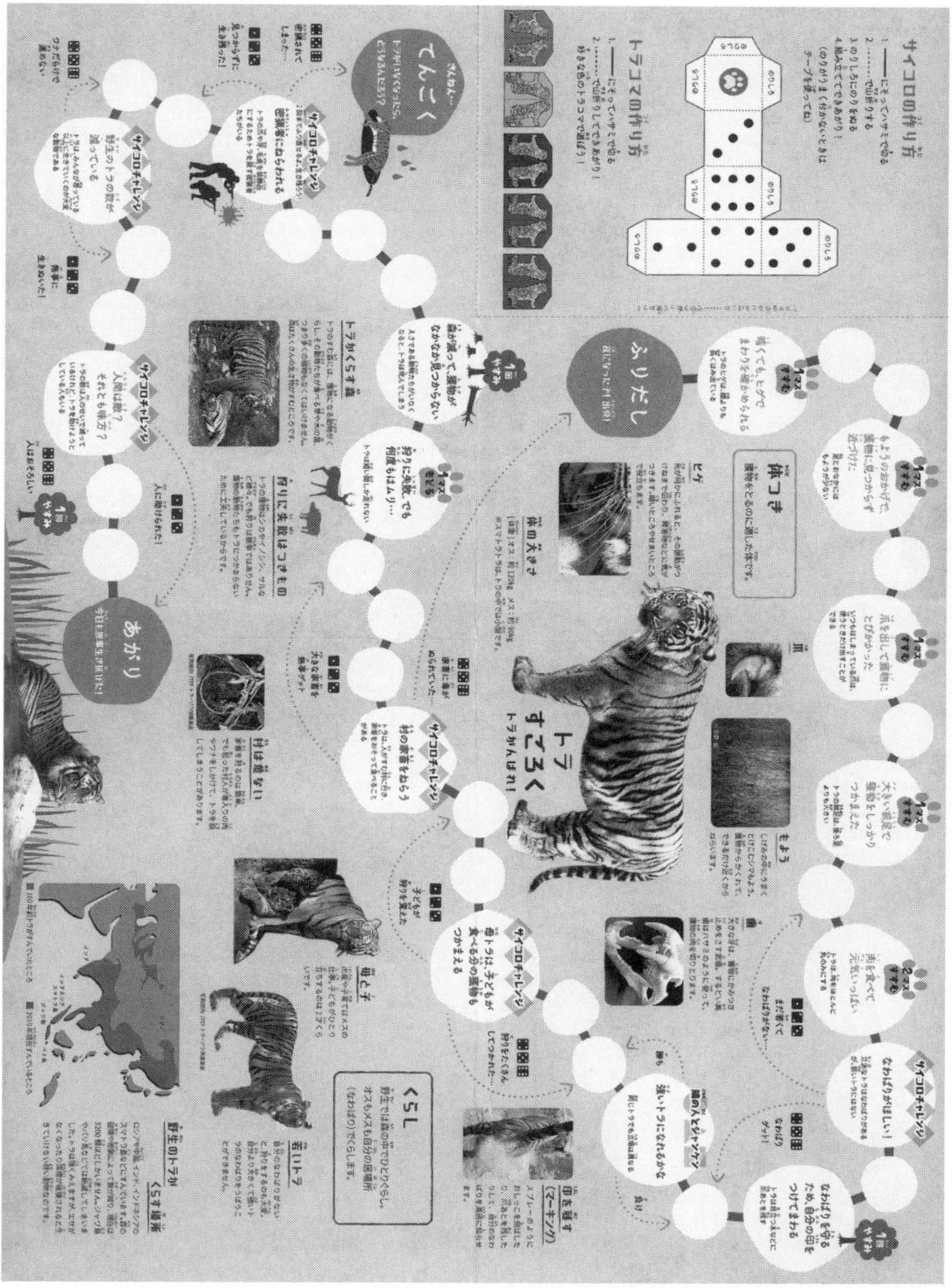

トラ大使がつくった双六

たちは、一生懸命考えてつくった双六を見せながらトラのことを来園者に伝えることにした。

最初は、知らない人に話しかけることを恥ずかしそうにしていたが、グループで作戦会議を開き、「家族連れの子どもに渡して母親に話しかける」とか「カップルが狙い目」などと言いながら協議して、どのように声をかけたら聞いてくれるかと考え、それぞれが工夫しながら話しかけていた。そして最後には、来園者に双六を渡し、家で遊んでもらうようにお願いをしていた。

二年目は、トラが生きていくために何が重要かについて考えることにした。トラを守るには、トラを支えている森を守らなければならない。トラたちがずっと暮らしていける森……それはどんな森だろうか。また、その森を守るためには何をしたらいいのだろうか。これらを来園者に伝えることが、この年の「トラ大使」のミッションとなった。

まず、トラが何を食べているのか、上野動物園にいるスマトラトラを対象にして、宿題となっていた獲物動物の発表からはじまった。そして、その動物たちの仲間を動物園で観察した。その後、トラや獲物動物たちに扮して森で食べ物を探すというゲーム体験をした。その結果、トラ大使たちは、「スマトラトラが暮らす森には、複雑な生きもののつながりがある。だから、一見トラと関係がなさそうな虫やカエル、植物も、トラを支える大切な森の一因だ」ということを発見している。その後、これらの発見が凝縮されたアート作品「スマトラトラがすむ島で今起こっていること」を制作している。高さ一メートルの大きな作品で、トラの展示場で現在も公開されている。

最後となる三年目には、人間との関係を考えることにした。スマトラ島では、油ヤシのプランテーションのために森林が伐採され続けている。そこで、トラを取り巻く人間たちの感情などを学ぶことにした。トラ大使たちに、油やしの会社経営者、そこで働く人、その妻、トラ、トラに家畜を食べられた村人、トラを守る保護官、そして日本にいる少年という役になってもらい、場面設定をしたうえで各自がセリフを考え、紙芝居にした。その一部を簡単に紹介しておこう。

話は、油やし農園を三倍に広げるという計画の説明会からはじまった。

「油やし農園が三倍になれば、みんなが

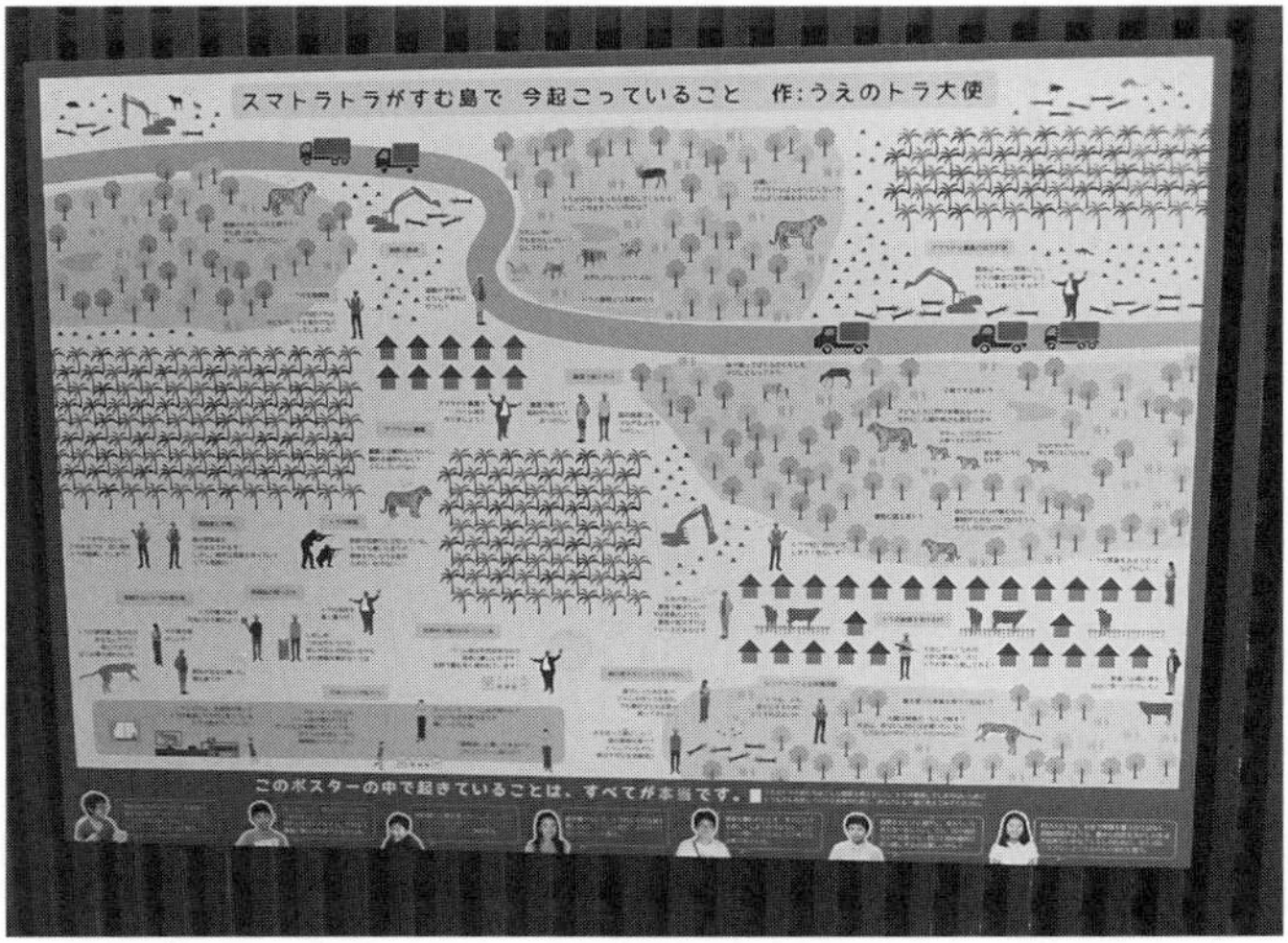

トラ大使が作成した「スマトラトラがすむ島で今起こっていること」

三倍贅沢できて、みんなハッピーだ！」

　このように話した経営者は、「トラの住処がなくなる」という保護官に対して、「牛がトラにやられることもなくなる」とも言う。そのとき、トラに牛を殺された村人が次のように言い放った。

「うちの牛がやられたのは、そもそも油やし農園ができて、トラの森が狭く、獲物も少なくなったからじゃないですか！」

　そして、場面が東京に変わり、トラ好きの少年が大好きなポテトチップスを食べながら、スマトラ島の自然を紹介するテレビを見ている。すると、テレビ画面からトラが飛び出してきて次のように言った。

トラ　ねえ、君。さっきから食べているポテトチップス、材料を見てみろ。

うえのトラ大使劇場での紙芝居

少年　え、ヤシ油って書いてある。
トラ　それは、僕らの森を切ってつくられているんだぞ。
（少年はギョッとしてポテトチップスを見ている。そこに、両親が部屋に入ってきた。）
少年　今度から、ヤシ油が入っていないポテトチップスを買って！
母　ヤシ油が入っていないポテチップスを買うのは大変なの。あらゆる食品、洗剤に入ってて、選ぶのが難しいの。

どうすればいいのか、と頭を抱える少年に父親が、「選べるようになったら、ちゃんと選んで買えばいい。しかし、トラの命を削ってつくられていることを忘れちゃいけない」と諭した。

いかがだろうか、これが五、六年生のトラ大使たちが考えた紙芝居のストーリーである。トラ大使となり、さまざまなことを調べた結果、このような創造力を育むことになったのだ。単にトラ舎を眺めているだけの大人たちにも、ぜひこの紙芝居を見ていただきたい。そして、これまで考えもしなかったことに「気付き」、普段の生活様式のなかにその「気付き」を取り入れてほしいと思っている。

コラム

未来につなげる試み—みんなの協力で実現した「トラ大使」

土居利光（前・恩賜上野動物園園長、現・日本パンダ保護協会会長、東京都立大学客員教授）

トラ大使に説明する土居さん

上野動物園では、いろいろな動物に関する「解説リーフレット」をつくっています。そして、子どもにも読んでもらうために、子どもたち自身の「発想」によってつくることにしました。その最初となる取組が、普及活動の手助けとして任命された５～７歳の子どもたちから成る「パンダ大使」でした。これをベースに一歩進めたのが「トラ大使」で、トラの生態や生息環境について学び、保護していくことの大切さを多くの人たちに伝えることを目的としました。「トラ大使」として任命されたのは、台東区立の四つの小学校に通う７名の子どもたち（３・４年生）です。上野観光連盟が公募し、上野動物園が任命しました。活動の手助けを「トラ・ゾウ保護基金」にお願いしました。2013年から３年にわたる活動のなかで、「生態」、「生態系」、「生息環境」といったテーマでワークショップを行い、その成果をパンフレットやポスターなどに活かしました。また、トラ大使による園内でのパンフレット配布のほか、２校の小学校で２回の出張授業（2014年度）も行っています。

授業の内容は講義と体験ゲームで、その運営や解説などをトラ大使が動物園などのスタッフとともに行っています。トラ大使の活動における最大の特徴は、学校などと協力して、子どもたち自身が普及活動を行ったことにあると言えます。また、小さいころの体験は将来の思い出につながります。それだけに、「遊び」などの体験を通して「知る」といった教育が大切となります。それが意欲を生み、継続するための原動力ともなります。未来の担い手である子どもたちと一緒に行った「トラ大使」という試みは、「トラ・ゾウ保護基金」が行っている活動の幅を広げ、これからの理解者・担い手を増やす布石になったと考えています。

三年の間に、トラ大使が卒業した小学校で、「トラになってみよう」というゲームとトラに関する「○×クイズ」を行って、トラ大使たちがその内容を解説するという出前授業も行ったが、どのシーンを見ても、トラ大使たちが大きく成長したことがうかがえる。学んだことを人に伝えるという経験が、彼らに自信を与えることになり、驚くほど大人になったということだ。

生徒たちと共に過ごし、成長する過程を見ることができたことはＪＴＥＦのメンバーにとっても大いなる喜びとなった。その理由は、言うまでもなく啓蒙活動の意味が証明されたからである。トラ大使たちが大人になって、次世代の子どもたちに伝えてくれることを願っている。

ちなみに、ここで紹介した一期生のあと、二期生も二年間で同じような活動を行っている。

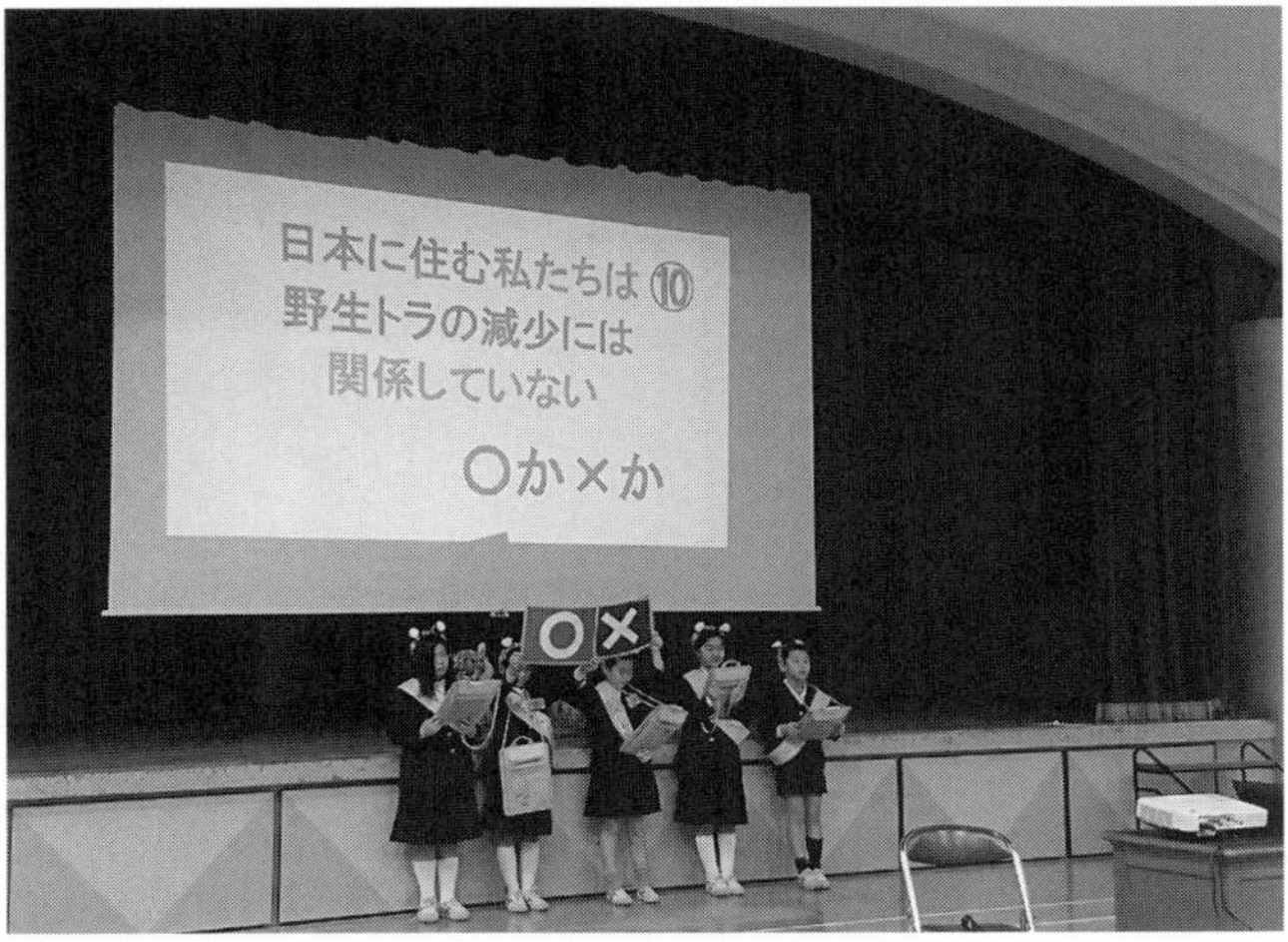

トラ大使による出前授業

ヒサクニヒコ氏のイラストともに、トラの現状やトラを守るためにできることを伝えるパネルの一部（上野動物園トラ舎の壁に設置されている）

上野動物園トラ舎パネル（九枚）の紹介——ヒサクニヒコ氏による漫画

　地球上に四〇〇〇頭もいないという野生のトラを守るために、トラが生息している国の閣僚が集まり、数年に一回「世界トラ保護国際会議」[1]が開催されている。二〇一〇年にロシアのサンクトペテルブルグで開催された「タイガーサミット」では、次の寅年である二〇二二年に各生息国がトラの個体数を倍加させることが制定されたが、そのとき、同時に「世界トラの日（Global Tiger Day・七月二九日）」が制定された。密猟や生息地の分断化で絶滅危惧種であるトラの現状を知り、保全のためにできることを考えるという日である。

　ＪＴＥＦは毎年、上野動物園のトラ舎で野生のトラについてトークイベントを行ったり、動物園のボランティアグループと協力して、入り口のところに「ＪＴＥＦブース」を設置して、トラに関するクイズ大会を開催したり、グッズの販売を行っている。そのほか、上野動物園のトラ舎に常設されているパネル（右ページの図参照）の前で、トラの現状について来園された見学者に訴えている。

（1）主催国のプーチン大統領をはじめとして各国の首脳が集まったため、このときの会議は「タイガーサミット」と言われている。

ゾウに関する教育普及

「世界トラの日」と同じく「世界ゾウの日（World Elephant Day・八月一二日）」もある。カナダの映画監督パトリシア・スミス（Patricia Sims）と、タイに本部を置くＮＧＯ「Elephant Reintroduction Foundation」が二〇一二年に制定している。象牙などの密猟や生息地の減少で絶滅の危機にあるゾウへの関心を深め、その保護について考えることを目的として、世界中で普及活動が行われている。

ちなみに、日本では「四月二八日」が「ゾウの日」として定められている。のちに詳述するが、一七二九（享保一四）年、ベトナムから八代将軍徳川吉宗への献上品として連れてこられたゾウが、途中、京都で中御門《なかみかど》天皇（一七〇一〜一七三七）に披露されるために「広南従四位白象」という官位が授けられているのだが、その日を記念してのものである。

ＪＴＥＦでは、二〇一六年から八月一二日前後に、夜間開園（夏休みの間）をしている上野動物園内の野外レストランで、ゾウの飼育員と「世界ゾウの日トークショー」を行っている。またこのときには「ゾウブース」を設置して、ゾウの保護グッズなどの販売も行っている。以下で、二〇一九年のトークショーの模様を紹介していくことにする。

上野動物園のゾウ飼育員とのトークショー

二〇一九年八月一二日、「世界ゾウの日特別企画　現状《いま》を知ろう　ゾウの未来のために」というタイトルで三〇分のトークショーを行った。上野動物園で飼育されているゾウはタイとインドから来たアジアゾウなので、まずは彼らの故郷である地域の状況を話すことにした。

アジアゾウの生息地がアブラヤシや茶畑といった大規模農園に代わってしまったり、ゾウが移動に使っていた森に焼畑農業を行う人々の村ができたりすると、畑の作物がゾウに食べられてしまうというトラブルが発生する。人がゾウに潰されて亡くなり、報復処置としてゾウを殺すということもある。

こんな話を私がすると、「こういう野生のゾウと人の距離が近くなって起きている問題について、なかなか知る機会がないですね」と飼育員が相槌を打ってくれた。そして、動物園でのゾウの生活、とくに食べ物やトレーニングのことを紹介してくれた。そのなかで、筋肉を使わせるために餌を天井からネットに入れて吊るし、食べさせているといった飼育に関する工夫について話してくれた。このような工夫はあまり知られていない。それが理由だろう、聴いている人たちの表情が変わり、興味を示すとともににこやかなものになった。

続けて、ゾウは皮膚が敏感なので、インドでは電気柵の周りに棘のあるかんきつ類を植林して、ゾウが畑に入らないように工夫をしているという話をしたところ、「動物園でも、注射などとい

コラム

One Plan Approach（恩賜上野動物園長・福田豊）

福田豊さん

人は一生のうちに３回、動物園や水族館を訪れると言われています。最初は子どものころ、次はデートで、そして３度目は家族とともに訪れます。最近は、お孫さんを連れた年配の方もよく見かけるので４回になるかもしれません。毎年、7,500万人を超える人々が訪れるという動物園や水族館の役割を少し紹介しましょう。

現在、人間の旺盛な活動によって、地球の自然環境にかなりのダメージが与えられています。地球環境の変化は、人類を含むすべての生物の存亡にかかわる重大な問題です。一説には、回復不可能とされる転換点に近づいているとも言われていますので、今すぐライフスタイルを見直して、豊かな自然を未来につなぐために行動を起こす必要があります。

「One Plan Approach」という言葉があります。野生動物が生息しているエリアの保全活動と、動物園や水族館などの生息域外での活動が、一つの計画のもとに連携・協力していく必要があるという意味です。動物園や水族館では、これまでの技術の蓄積を活かして絶滅危惧種の飼育下繁殖に取り組んでいます。具体的には、繁殖によって個体数を増やす、人工飼料を開発する、遺伝的多様性を維持するための血統登録簿を作成するといったことです。日本では、トキ、コウノトリなどにおいて野生復帰の取り組みが進められています。

上野動物園では、上記のほかに、「世界トラの日（７月29日）」や「世界ゾウの日（８月12日）」に、「トラ・ゾウ保護基金」と「東京動物園ボランティアーズ」のみなさんとともにトークイベントなどを行い、来園者に対して野生動物保護に関する理解と協力を呼びかけています。絶滅の危機に瀕する野生動物を守るために何ができるかについて、少しでも関心をもってもらいつつ、みなさんに知っていただくための活動となっています。

った刺す刺激は嫌がる」と飼育員が言っていた（一八一ページ参照）。ギャラリーのほうを見ると、「えっ、そうなの？」という表情をした人たちが多数見られた。確かに、あの分厚い皮膚を見て、敏感だと思う人はそういない。

最後に私は、野生のゾウの減少は日本人とも関係が深いといった話をしている。ハンコなどで使われている象牙需要が密猟を呼ぶことになるので、「ハンコは象牙ではない違う素材のものを使ってほしい」と訴えたのだ。

一方、飼育員は、野生のゾウだけでなく、動物園でも飼育ゾウが減少しているという。動物園での出産は非常に難しく、上野動物園でも、二〇一六年に妊娠はしたが出産には至っていない。しかし、このメスゾウ、なんと二〇一九年の秋に再び妊娠したことが確認されている。もしかしたら、二〇二〇年の一一月頃には「赤ちゃんゾウ誕生！」というおめでたいニュースが届くかもしれない。来園者だけでなく、私たちも楽しみにしている。

ほかの動物園でもイベント

子どもにも大人気のゾウだけに、上野動物園以外でも子どもを対象にした「ゾウ保護イベント」を行っている。横浜市立金沢動物園の飼育担当者である半澤《はんざわ》紗由里《さゆり》さんが野生のゾウの保護にも非常に熱心で、二月のバレンタインデーに「ゾウにおやつを」という動物園主催のイベントを行

コラム

Zoo to Wild セミナー

原久美子（前・横浜市立金沢動物園園長）

原久美子さん

動物園の大切な仕事の一つは、動物たちを健康に飼育して、動物園を訪れるみなさんにその姿を見ていただくことです。かぎられた環境のなかで、動物たちが快適に過ごせるよう、飼育（技術）員は日々、飼育環境の改善や技術の向上、繁殖に取り組んでいます。

毎日、楽しみもあれば、悪戦苦闘もあります。動物園を訪れるみなさんが楽しく過ごしながら動物たちに驚いたり、不思議を感じたりしている様子に接することもやりがいにつながっていきます。動物のことをよく知る飼育員ですが、それは一部でしかありません。動物の生息地を訪れて、野生の姿を観察したり、現地の環境を体感することで飼育業務やガイドのヒントにすることもできますが、それでもすべてを知ったとは言えません。

野生の姿をよく知る人たちと連携して、動物のことをさらに知ってもらい、生態や現状も発信したいと考え、横浜市立金沢動物園では「Zoo to Wild セミナー」という企画をはじめました。飼育員は、担当動物にスポットをあてて、動物園での様子を解説します。あわせて、野外研究者や保護活動に取り組んでいる人々を招いて、野生動物の生態や保護状況・保護活動の様子などを話していただくのです。「動物園（Zoo）から野生（to Wild）へ」と、みなさんの興味を広げる機会づくりをすることがこの企画の目的となっています。

金沢動物園の開園30周年を記念して2012年からはじまったこのセミナー、これまでに11回開催していますが、第２回では「森に暮らすインドゾウからのSOS」と題してJTEFのみなさんに参加いただき、野生のゾウの現状や活動について話してもらいました。動物園にいる動物たちを通じて野生の世界に思いを馳せ、考えたり行動したりする機会を提供するという「Zoo to Wild セミナー」は、動物園の大切な役割であると考えています。

っているし、そのほかにもゾウに関係するイベントをさまざま用意して保護活動への参加を呼びかけてくれている。二〇一九年には、JTEFがブースを設置して、展示やグッズ販売とともに広場でゾウに関する「○×クイズ」を行った。

一方、千葉市動物公園でも、原寸大のアフリカゾウの耳や足跡の絵を見せ、ゾウの大きさを体験してもらいながら野生のゾウが困っていることなどを話した。どこの動物園でもそうなのだが、私たちの話を多くの子どもたちが目を輝かせながら聴いている。もちろん、見るという行為も重要だが、可能なかぎりこのようなイベントをたくさんの動物園で開催したいと考えている。その理由は、やはり「子どもたちの輝く目」である。ちょっとした刺激が、「見る」という行為をさらに有意義なものにするのではないだろうか。

ゾウの耳の大きさと比べる（千葉市動物公園）

イリオモテヤマネコに関する教育普及

イリオモテヤマネコの日（四月一五日）

竹富町西表島にのみ生息する国指定特別天然記念物イリオモテヤマネコ発見五〇年にあたり、ＪＴＥＦが竹富町に働きかけて、四月一五日が「イリオモテヤマネコの日」として条例制定された。一九六五年四月一五日に新種と新聞などで公表され、今まで島の人たちしか知らなかった「ヤママヤー（島で呼ばれていた野生のネコ）」が世界のイリオモテヤマネコになった日である（現在は、ＤＮＡ鑑定からベンガルヤマネコの亜種と記載されている）。

現在、わずか一〇〇頭ほどしか生息していない、世界に誇る希少種を絶滅させてはならないと決意する日として、ＪＴＥＦでは毎年、記念事業として西表島でシンポジウムを開催したり、西表島への入り口となる石垣港でパネル展示などを

石垣港でのパネル展示

展開している。二〇一五年には、ＪＴＡ（日本トランスオーシャン航空）の協力で、ヤマネコ発見五〇周年を記念して機内誌で関連記事を連載したほか、Ｔシャツなどの販売をしていただいた。ちなみに、賛同者でもある蟹江杏さんが制作してくれた「ヤマネコピンバッジ」は、現在でも石垣港や西表島のショップで購入することができる。

　また、イリオモテヤマネコ発見五〇年を前に、沖縄に関係する題材で「琉球落語」の創作に取り組んでいるＪＴＥＦ賛同者の「うちな～噺家 志ぃさー（藤木勇人）」さんが、イリオモテヤマネコが天然記念物になるまでの小咄「タイムスクープ：ヤマネコヒストリー」をつくってくれたりもした。

　イリオモテヤマネコはどこの動物園でも飼育されていないので、現地で野生のイリオモテヤマネコに会う（運がよければ）以外ないのだが、一時、怪我をして野生で生きられなくなったイリオモテヤマネコを、環境庁（当時）の許可を受けて「沖縄こどもの国」(2)で飼育していたことがある。発見五〇年目の九月には、飼育員さんのお話とともに志ぃさー（藤木勇人）さんが扮するヤマネコの「ケイタ」がさまざまな生

ピンバッジ

（2）〒904-0021　沖縄県沖縄市胡屋5丁目7番1号　TEL：098-933-4190

き物に姿を変えながら、発見当時からの経緯を大変分かりやすく園内で熱演してくれた。

ちなみに、二〇一六年の「第一回イリオモテヤマネコの日」の記念イベントとしてＪＴＥＦは、西表島、沖縄本島、石垣島、東京でイベントを開催し、志ぃさーさんにも「タイムスクープ：ヤマネコヒストリー」を熱演してもらったほか、『イリオモテヤマネコってんだー』という曲（六三ページ参照）のお披露目をして、島の子どもたちと共に歌って踊るというイベントも開催した。

翌二〇一七年の「イリオモテヤマネコの日」には、シンポジウムとパネル展示のほか、石垣港において西表島に行く観光客にポストカードを配布してもらった。それに掲載しているＱＲコードを読み取ると、アニメーションのヤマネ

東京・高輪区民センターのチラシ

パレット市民劇場のチラシ（那覇市）

コ君が運転する道に本物のヤマネコがヒョコヒョコ出てくるといった動画が流れる。これを西表島に向かう船中で見てもらうことで、「島に着いたら運転に気を付けて、楽しんできてね」というメッセージを伝えることにしたわけである。同時に、この動画を制作した「イリオモテの冒険製作実行委員会」がつくった等身大の看板も港に飾られた。

そして、二〇一八年の記念シンポジウムでは、屋久島でウミガメの保護活動を行っている人を招き、「世界自然遺産登録：屋久島の教訓と西表島へのメッセージ」を開催した。狙いは、屋久島の経験から学び、世界自然遺産に登録されようとしている西表島の課題を明らかにすることであった。

「屋久島より大変なことになりますよ」

二〇一三年に石垣空港が現在地に移転し、発着便が増えたこともあって西表島に行きやすくなったため、「世界自然遺産登録→観光客増による自然への影響」はより大きくなると「ＮＰＯ法人　屋久島うみがめ館(3)」の大牟田一美さんは言う。また、地元の人は、「ヤマネコの交通事故が増え、絶滅しないかと心配です」と語っていた。このときのアンケートでは、観光客の総量規制必要という意見が圧倒的多数を占めた（世界自然遺産登録に関しては二三一ページ参照）。

（３）　〒891−4201　鹿児島県熊毛郡屋久島町永田４８９−８　TEL：0997−49−6550

ぶっといしっぽが目印だい
誰もがみとめる島の主
めったなことじゃ拝めないぜ
なんたって（なんだって？） イリオモテヤマネコ

春にこの世に生をうけ
夏はお散歩
秋にはひとり立ち
冬は恋に落ちまして
そしてひとつ年をとる ♪

カエル

ベンケイガニ

9～10月のJTA（日本トランスオーシャン航空）オーディオプログラム「コーラルウェイチャンネル」に入っている『イリオモテヤマネコってんだー』という歌をお聴きになったことがあるだろうか。これはITEFのオリジナル曲で、ネコ好きの坂本美雨さんが中心になって「国広和毅とヤマネコズ」と共に歌っているものである。

イリオモテヤマネコの発見から50年以上が経ち、現在も100頭ほどが西表島だけに暮らしている。島では、ヘビ、カニ、トカゲなどといったさまざまな生き物が島を周回する１本の県道を歩いている。秋口には、母ネコから独り立ちしたばかりの子ネコが、路上で轢かれた生き物を食べている姿を見かけることもある。絶滅危惧種の特別天然記念物であるイリオモテヤマネコを轢かないように、夜間はとくに、制限速度となっている時速40kmを守って、野生生物の世界を楽しみながら運転していただきたい。

コラム

『イリオモテヤマネコってんだー』

（国広和毅と李千鶴作曲、ゆーないと作詞）

♪　春にこの世に生をうけ
　夏はお散歩
秋にはひとり立ち
冬は恋に落ちまして
そしてひとつ年をとる

おいらしまもようの
ねーこねーこねこ　ヤマネコ
イリオモテヤマネコってんだー

このうつくしい島にだけ暮らす
ワイルドキャット　ゼツメツキグシュ
そうさ　おいら　ゼツメツキグシュ

『とびだし注意』に気をつけてもらわにゃ
それを守ってもらわなキャオーン
もらわにゃニャーニャー　にいふぁいゆう
How are you?

シュッとしたたたずまい
夜空にお目目がキラリ
ぶっといしっぽが目印だい
誰もがみとめる島の主
そこらの猫が100匹束になったってかなわない
なんたって　イリオモテヤマネコ！

カエル　カニにトカゲ
バッタにうりぼう　お魚
おいしいグルメなヤマネコさ

このうつくしい島だけに暮らす
ワイルドキャット　キセキノネコさ
そうさ　おいら　キセキノネコさ

神秘の森ではお気をつけあそばせ
夜道は急がず4040（ヨレヨレ）ヨヨーロレリッヒー
ヨレヨレよく見りゃ現れた
「あ、ピカリャーだ！」

シュッとしたたたずまい
夜空にお目目がキラリ
ぶっといしっぽが目印だい
誰もがみとめる島の主
そこらの猫が100匹束になったってかなわない
なんたって　イリオモテヤマネコ！

シュッとしたたたずまい
夜空にお目目がキラリ

ところで、この年の「イリオモテヤマネコの日」には、西表島の東部、ヤマネコ発見の地に記念モニュメントが設置されている。

　西表島・大原中学校の生徒たちがイリオモテヤマネコの発見で世間を賑わせた一九六五年五月、遠足で南《は》風見田《えみだ》の浜へ行って弱っているヤマネコを発見して、学校までみんなで運んだが死んでしまった。それを島袋憲一先生がきれいに皮を剥ぎ、箱に入れて土をかぶせておいたおかげで、翌月、イリオモテヤマネコの証拠となる骨などを探すために西表島を訪れた父戸川幸夫にその全身骨格が渡り、イリオモテヤマネコのタイプ標本となったわけである。当時生徒だった人たちが寄付を募って、その発見場所にモニュメントを造り、セレモニーが行われたのだ。

　大人になった元中学生は、現在、町議会、地域の公民館活動、島の観光業などといったさまざまなジャン

石垣港に設置された等身大の看板

配布されたポストカード（QR コード入り）

記念モニュメント

大原中学校の遠足で捕獲されたイリオモテヤマネコを撮影した最古の写真（1965年）

ルで活躍している。もちろん、「やまねこパトロール」が行っているイリオモテヤマネコの交通事故防止活動や広報活動でも協力してもらっている。

二〇一九年は四月一四日と一五日に、島の東部と西部二か所で記念シンポジウムを開催した。二〇一八年に過去最悪となる九件という交通事故を記録したこともあり、これまで行われてきたさまざまな交通事故対策を振り返り、これからのイリオモテヤマネコ保護に求められることを地域の人たちと一緒に考える機会となった。

ヤマネコのいるくらし授業——子どもたちの学力向上

ＪＴＥＦでは、二〇一二年から西表島にある八校の全小中学校で「ヤマネコのいるくらし授業」を竹富町教育委員会の協力のもとにはじめたが、かつては総合的学習の時間を使うことに躊躇していた校長がいたことも事実である。というのも、二〇〇七年の「全国学力テスト」の実施以来、沖縄県は最下位という定位置から抜け出せないでいたからだ。

要するに、総合的学習の時間を削って、問題を一つでも多く解いたほうが学力向上につながるという考えである。さらに、西表島の子どもたちにかぎって言えば、自らの意見を作文にして暗記し、その発表をするという機会が多かったのだが、「その暗記する時間を割愛して読むだけにする」という意見も出たという。

東京から西表島で行う出前授業に行くたびに、私はこの島の生徒に感心してしまう。まずは、みんなが校内で出会うさまざまな人に大きな声で挨拶をすること、そして、授業中、授業外を問わず、知らない人に対してもはっきりと自分の意見を言うことができるのだ。西表島には高校がないため、中学を卒業すると石垣島や沖縄本島の高校に進学することになる。そこで、他島の生徒に圧倒されないようにという配慮から、島にいる教育者が前述したような発表の場を設けていたのだ。それだけに私は、故郷教育でもある「ヤマネコのいるくらし授業」を削って、学力テストのためにその時間を充当させることに違和感を覚えていた。

しかし、二〇一四年の全国学力テストでは最下位から脱出し、全国二四位となった。さらに、西表島のある竹富町は小中学校の全科目で全国平均を上回っている。とくに、活用力、もっている知識を使って解く力がよいという（竹富町学力向上推進委員会編「平成二九年度　学力向上推進実践報告書」の「全国学力・学習状況調査経年比較」参照）。

また、二〇一八年度に発表された「平成二九年度　学力向上推進実践報告書」（竹富町学力向上推進委員会編）を見ても、小学六年生は全国平均並み、中学三年生では全国平均を上回っていることが分かる。小中学生とも理科への関心が非常に高いのだが、私が感心し、見込んだとおりの結果が生徒に配られた質問紙の回答状況から読み取ることができる。沖縄県全体より、また全国平均より上回っていた質問というのは、次のとおりであった。

・将来の夢や目標を持っていますか？
・今住んでいる地域の行事に参加していますか？
・地域社会などでボランティア活動に参加したことがありますか？

さらに、中学生を対象とした質問に、「自分には、よいところがあると思いますか？」というものがあったが、「イエス」と答えたのが沖縄県全体では三〇・五パーセント、全国が三三・七パーセントであったのに対し、竹富町は五八・八パーセントという高い数字を示していた。

西表島には行事も多く、子どもたちが担っている仕事もある。生徒数の一番多い小学校で五〇名ほど、最小数というところでは三名という小学校（年によって）もあるが、それぞれの運動会などでは、近くにある学校の生徒が参加して手伝っている。また、伝統芸能となっている八重山舞踊を披露するという機会もあり、その練習に割かれる時間も多い。島に学習塾というものがないため他県の子どもたちのように放課後の時間を拘束されるということがないせいもあるが、子どもたちは喜んで舞踊の練習をしているという。そして、学習面に関していえば、自分で予習復習をやらないといけないという状況となる。

私見だが、地域の一員としてかかわるこのような生活こそが子どもたちの本来あるべき姿ではないだろうか。それだけの自覚を、西表島の子どもたちはすでにしていると言える。

教員研修会

「ヤマネコのいるくらし授業」を全小中学校で行っていくうちに、担任教師によって子どもたちに違いが出てくることが分かるようになった。担任が元気で一生懸命だと子どもたちにも覇気が出るが、授業をこなすことで精いっぱいで、島の自然環境に対してあまり関心がない担任のクラスでは、子どもたちから意欲を感じることが少なかった。自分の子ども時代を思い出しても、うまく先生に乗せられて勉強を楽しんでいたという経験のほうが多い。

あるとき、これについて竹富町の教育委員会教育長と話したことがある。すると教育長は、「教員研修をやったらどうですか」と提案してくれた。実際のところ、他島や他県から赴任される教師が多いのだ。その教師たちが西表島のことを十分知っているはずはない。知らない土地での生活、また日々忙しい教師たちにとって、目指す教育方針があったとしてもそれを実現することは難しい。

このような状況を踏まえて、教育長の助言どおり、二〇一六年の夏休みから島の東部と西部で一日ずつ、それぞれ一〇人ほどを対象にして教員研修会を行うことにした。イリオモテヤマネコが生息している森でフィールドワークを行い、その生態や交通事故が起こる理由、そして植生などについて「やまねこパトロール」（二一四ページ参照）の高山事務局長が説明しながら森を散策するというものだ。

その後、東京で行っている「野生生物保全教育授業研究会」のメンバーである三石初雄さん（東京学芸大学名誉教授）から「ヤマネコのいるくらし授業」の意義を説明してもらったり、高山事務局長のタイムリーな話を聞くほか、島の生態系に関する講義やイリオモテヤマネコのフン分析などを教師たちが実際に行い、最後に、これらのことをどのように授業に取り込むかについてディスカッションを行った。

この研修会を毎年続けたことで、「ヤマネコのいるくらし授業」を試みるという教師たちが増えてきた。高山事務局長が手伝い、生徒たちがヤマネコのフン分析や木などにくくりつけた自動撮影カメラのデータを見て、夜間、イノシシが現れる様子に驚いたり、夜間パトロールに同行して走行車のスピードを測定している。そして、翌年の研修会では授業を実践した教師が報告を行い、ほかの学校でも授業の参考になるように努めている。

夜間パトロールに同行する生徒たち

教員研修会でフンの分析をする

そもそもＪＴＥＦが「ヤマネコのいるくらし授業」を考えたのは、東京からの出前授業でなく、いずれは地元の教師たちがヤマネコを軸とした、西表島の自然を守る授業をしてほしいと思っていたからである。

西表島でこの授業をはじめてから八年が経過した。また、島の出身者で、学校の授業以外に「エコクラブ」という子どもたちのサークルを指導している池村久美先生に協力を仰ぎながら、上原小学校で四年生を対象にして「ヤマネコのいるくらし授業」を行うようになってから四年が経過した。この活動は、池村先生が退職されたあとも続いている。また、三年生の担任教師からは、「本格的な授業に入る前にプレ授業を行ってほしい」という要望も出るようになった。

二〇二〇年二月に行った学習発表会の様子も紹介しておこう。

担任の江郷下智美先生のもと、三か月かけてヤマネコの繁殖と子育て、食べ物、交通事故の件数、そして事故が多い時間帯などについて調べたことを四年生が発表した。このとき、みんなでつくった道路に設置する「ヤマネコ注意喚起看板」のお披露目ともなった。この看板には、増加傾向にある外国人観光客を意識して英語表記もされていた。

前年の四年生は、「県道沿いの草が伸びるとヤマネコが飛び出すのに運転手が気付きにくいため、交通事故に遭う可能性が高まる」として、県の土木事務所に対して草刈りの回数を増やしてほしいと手紙を送っていたが、逆に回数が減らされていた。そのことを知った新四年生が、どうにかしなければいけないとみんなで相談し、玉城デニー沖縄県知事に手紙を書こうということになった。すると、その話を聞いた沖縄県世界自然遺産推進室の太田真文主査と金城参事が、三月、手紙を受け取るために上原小学校を訪れることになった。

子どもたちが県知事宛ての手紙を朗読し、発表会の様子をまとめたＤＶＤを金城参事に手渡した。参事から「素晴らしい発表だった」と言われ、子どもたちは緊張しながらも「これからもヤマネコを守る活動を続けていく」と宣言した。そして翌日、このときの模様が地元新聞にカラーで掲載された。

実は、これには後日談がある。四月になって、玉城沖縄県知事から子どもたち宛てにビデオメッセージと手紙が届いたのだ。このビデオメッセージを見る子どもたちの顔を想像していただきたい。

前述したように、四年生がイリオモテヤマネコのことを調べて発表するという学習発表会はすでに四年も続いている。

子どもたちがつくった「ヤマネコ注意喚起看板」

この発表会には、両親のみならず祖父母や知合いが島外からも訪れている。子どもたちから「車のスピードを出さないで！」という訴えを毎年聞いているせいか、地元の人たちが運転する車のスピードは以前よりも落ちていることが「やまねこパトロール」のデータからも読み取ることができる。ＪＴＥＦが出前授業をはじめることになった目的の一つである「子どもから大人への訴え」が、走行車の減速だけでなく、道路脇の草刈りなどにまで広がってきたこと、さらに子どもたちが課題をこなすだけでなく、自ら解決策を考え、それを実行に移せるように教師が指導していることを嬉しく思っている。

　このような活動は、決して華やかなものではないだろう。しかし、自分たちが暮らす島の自然を守るための第一歩となることだけは間違いない。実践を通して培った知識があるだけに、この島の子どもたちは自らの意見を述べることができるのだ。また、他人の意見を聞くための素養も備わるため、大人が驚くほどの討論会を開くことが可能となっている。

県知事からのビデオメッセージを見る子どもたち

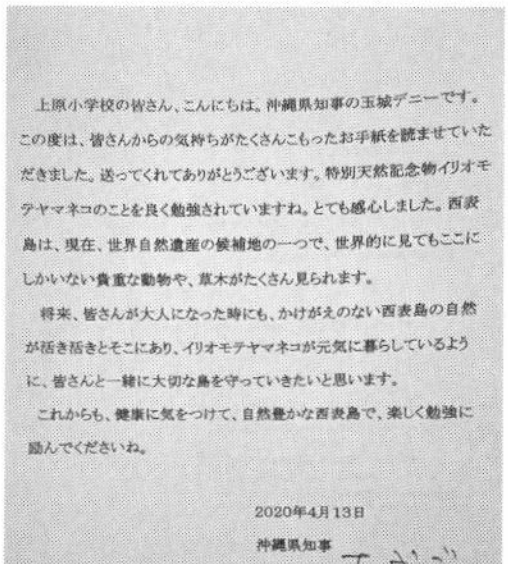

上原小学校の皆さん、こんにちは。沖縄県知事の玉城デニーです。この度は、皆さんからの気持ちがたくさんこもったお手紙を読ませていただきました。送ってくれてありがとうございます。特別天然記念物イリオモテヤマネコのことを良く勉強されていますね。とても感心しました。西表島は、現在、世界自然遺産の候補地の一つで、世界的に見てもここにしかいない貴重な動物や、草木がたくさん見られます。

将来、皆さんが大人になった時にも、かけがえのない西表島の自然が活き活きとそこにあり、イリオモテヤマネコが元気に暮らしているように、皆さんと一緒に大切な島を守っていきたいと思います。

これからも、健康に気をつけて、自然豊かな西表島で、楽しく勉強に励んでくださいね。

2020年4月13日

沖縄県知事　玉城デニー

玉城県知事から届いた手紙

やまねこマラソン

一九九三年から、西表島で「やまねこマラソン」（竹富町主催）が開催されている。「さわやかに西表島の大自然を走ろう」をキャッチフレーズに、毎年二月に行われている。豊かな自然の中を走れるということもあって、島内外から一五〇〇人ほどのマラソン愛好家が参加しており、参加料の一部は竹富町が行っているイリオモテヤマネコ保護基金に寄付されている。

スタート・フィニッシュ地点は西表島西部にある上原小学校となっており、二三キロ、一〇キロ、中学生向けの三キロという三コースが設定されている。ＪＴＥＦは、スタート地点でイリオモテヤマネコのパネル展示を行っている。大会終了後には参加者と地元の人との交流会があり、民謡ショーや太鼓演舞などの余興や抽選会を行うほか、ホールの外では青年団や子どもたちが屋台を出し、それぞれの活動運営費などを稼いでいる。

二〇一三年からは、ＪＴＥＦ理事長、事務局長、支部事務局長もこのマラソンに参加することになった。それまでは、私たちが定宿にしている民宿に集まるランナーに「やまねこパトロール」のＴシャツを着て走ってもらっていたが、二〇一二年のある日、顔の広いＪＴＥＦの男性サポーターである鷲尾峻一さんから、「ＪＴＥＦのスタッフも走ったほうがいいんじゃない？」と言われ、走らざるを得なくなった。

鷲尾さんは、「やまねこパトロール」のＴシャツを知人のランナーに着てもらうというアイディアを出した人で、自らはTシャツだけでなくJTEFのヤマネコ手ぬぐいを首に巻き、七〇代にもかかわらず、西表島在住の人がつくったヤマネコマスクをかぶって二三キロを走りきるという人である。

「走らなきゃ……」と言われたとき、正直なところ私は戸惑った。確かに、Tシャツを着て走ってくれる人たちに「頑張って！」と応援するだけではランナーの士気も上がらない。でも、私にはマラソンの経験がない。いや、それどころか、文化系の私からすれば、忍耐力を必要とするマラソンランナーはまったく別次元の人であっていた。しかし、「二時間制限の一〇キロなら歩いても着く。気持ちいいよ」などと説得され、二〇一三年に初めて走ることになった。いや、走らされることになった。

これ以後、八回も出場している。上り坂に差し掛かったら歩く、下りになったら猛烈（？）に走るという「重力走法」と周りから笑われているが、これまで棄権することもなく完走している。かつては、二月の大会に備えて一二月頃から慌てて練習をはじめていたが、二〇一九年

鷲尾さんのランニングスタイル

からは定期的に運動をするようにもなった。すると、一つ年を取ったにもかかわらずタイムが上がったのだ。八年目にして、やっと走ることが楽しいと思えるようになった。「マラソンは飛ばしても車はゆっくりね」というスローガンのもと、同じＴシャツを着て走る人も年々増加しており、マラソン以外のＪＴＥＦの活動にも参加してくれるようになった。大会終了後の竹富町主催の交流会ではＪＴＥＦのブースを出さしていただき、展示してあるパネルを使ってヤマネコの現状を説明すると、「寄付になるんですよね？」と確認しながらグッズを買ってくれる参加者が多くなったことがうれしい。

他に類を見ないこの島の大自然をなくさないでほしい、自分にもできることをしたい、と話す参加者の気持ちが十分に伝わってくるこのマラソン大会、本当に素晴らしいイベントであるし、ＪＴＥＦにとってもありがたい企画となっている。

マラソン大会に参加する「やまねこパトロール」のメンバー

コラム

トラ・ゾウ保護基金へのメッセージ

（竹富町長・西大舛髙旬《にしおおますこうじゅん》）

我が町、竹富町にある西表島は、国内はもとより海外にも広く知られるように、豊かで希少な自然環境が残っていますが、この島の自然環境を象徴する野生動物としてイリオモテヤマネコの存在があります。イリオモテヤマネコは、世界中で西表島にしか生息しておりません。イリオモテヤマネコのような食物連鎖の頂点に立つ肉食獣が生存し続けるためには、ピラミッドの底辺にあたる広さが必要です。西表島のような環境において、絶滅せずに生き残っていたことは奇跡的であり、1965年の戸川幸夫氏による新種のヤマネコ発見という報告は「世紀の発見」とも言われました。悠久の時をかけて西表島の自然環境に上手く適応してきたヤマネコの存在には、ただ感嘆するばかりです。

町長の顔写真

人生の大半を西表島で生活してきた私を含めて、西表島の島民は、自然環境と上手く付き合いながら生活をするという先人から受け継いできた文化を大切にしてきました。私は、島民もヤマネコも、西表島の自然の中の一員と考えております。しかし、一方で、島民の生活環境に変化が見られるようになりました。森林部に広がる自然環境は残されているものの、沿岸部を走る道路では交通量が増加しており、ヤマネコに関係する交通事故の脅威が増してきていることを懸念せずにはいられません。

「トラ・ゾウ保護基金」のみなさまには、西表島に「やまねこパトロール」を発足していただき、これまで交通事故防止の呼びかけを積極的に行っていただきました。ヤマネコの交通事故を防ぐためには、ハード面での対策も必要ですが、運転者一人ひとりの心がけが大切となります。今後も、島民や行政機関が協同し、世界の宝であるイリオモテヤマネコの保護活動がますます発展することを期待しています。

「東京八重山郷友連合会」と「西表島郷友会」

「郷友会」とは、八重山諸島を故郷とする人々や各島のファン、関係者が集まって親睦と共栄を図るとともに、郷土八重山の発展に寄与することを目的とした会である。東京では、「八重山はひとつ」を合言葉に、「東京八重山郷友連合会」が各島の郷友会をまとめている。JTEFも、八重山郷友連合会や西表島郷友会をはじめとして、石垣島のしかあざ会、竹富郷友会などにおじゃまし、イリオモテヤマネコの現状などについて話をさせてもらっている。

二〇〇九年、初めて東京西表島郷友会に参加したとき、「イリオモテヤマネコ、懐かしいね～」といった言葉が飛び交った。「ヤマネコが発見されたときには中学生だったが、調査に来た戸川幸夫を案内した」とか「イノシシの罠にかかったヤマネコを、タンパク源としてみんなで鍋にして食べた」という声が聞かれたほか、「学校で、戸川さんがヤマネコの話をしてくれた」と話す人もいた。どうやら、東京西表島郷友会でも父は講演をしていたようだ。

50年ほど前の西表島の風景（撮影：戸川幸夫）

一方、「ヤマネコが発見されて、開発ができなくなって、ほんと、あのときはヤマネコを恨んだね……。今は、イリオモテヤマネコが有名になったおかげで鼻が高いけどね」と話す人もいたが、ある意味、当時における本音であると思われる。

イリオモテヤマネコが発見された当時の西表島の写真を見ると、わずか五〇年ほど前のことなのに、周りには何もなく、ぽつんとある茅葺屋根の家が写っていた。そして、バスの代わりに牛が人を乗せた荷台を引いて、泥道をゆっくりと進んでいる。

さらに驚くのが、港もないきれいな海。感覚的には一〇〇年ほど前のような感じがするが、父に会ったという人たちを目の前にすると、わずか半世紀前のことなんだと納得してしまう。

二〇一八年に開かれた東京西表島郷友会で「今年のヤマネコ交通事故は九件」と話すと、「それが人だったら、東京で一〇〇万人もの人が事故に遭ったことになるでしょう⁉」とびっくりする人がいた。私たちがいつもたとえて言っていることをこの人は先に想像して、人間に置き換えて身近に感じてくれたのだ。

島々を離れて久しい人たちも、子どもや孫に伝統芸能を

東京西表島郷友会が披露する八重山舞踊

継承している。郷友会の総会では、舞踊や民謡の披露がされ、参加者は島酒を飲みながら、ゆったりとした「島時間」を過ごしている。このような文化は、この地域の人たちが培ってきたものであり、人間同士または人と自然環境との関係に基づいて伝承されてきたものであろうとつくづく思ってしまう。

販売されているサポーターグッズ

紹介してきたさまざまな教育普及活動の一部においては、日々の生活においても野生動物を意識してもらうことを目的として、Tシャツをはじめとしたさまざまグッズを販売し、その売上金額をＪＴＥＦに寄付してくれている団体がある。先に紹介したように、かぎられた予算で活動を行っているため、これらの販売で得られる寄付金もＪＴＥＦの重要な資金源となっている。

八二ページに掲載した写真でその一部を紹介しているが、これらのグッズを制作したり、販売しているのが「野生動物サポートグッズ結《ゆい》」という任意団体である。その代表者からメッセージをもらっているので紹介しておきたい。

「野生動物サポートグッズ結」の紹介　（代表・戸川文）

私たちは、「都会にいても何か野生動物の役に立ちたい……」という方々の気持ちを野生の世界に届けたいと、オリジナルグッズの製作販売をはじめました。

グッズの売上で得られる収益は、制作費以外の全額を、野生動物の象徴であるトラやゾウやイリオモテヤマネコや彼らの環境を守るために保全活動を行っているＪＴＥＦ（認定ＮＰＯ法人トラ・ゾウ保護基金）に寄付され、現地における保護活動費として有効に使われています。

グッズを買って下さったみなさんのお気持ちが同じ地球に生きる仲間たちに届きますように、と願いつつ活動を行っています。

動物園をはじめとしてさまざまな機会において販売しているので、見かけたら、ぜひ購入を検討していただきたい。みなさんがこれらのグッズを身につけたり、使用されることによってさらに広く野生動物の現状などが知られることになるし、今現在、森などに棲息している野生動物を助けることにもつながるのだ。温かいご支援を期待している。

「野生動物サポートグッズ結」が制作販売しているグッズ

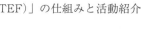

ＪＴＥＦの総会と交流会

　ＪＴＥＦの年度は一一月を期首として一〇月までなので、毎年一月に前年度の組織運営と活動を報告する総会を開催している。この総会には、会員以外でもオブザーバー参加をすることができ、その後の交流会では、参加者とＪＴＥＦのスタッフがお茶を飲みながら意見交換を行っている。非常にざっくばらんとした交流会なので、本書を読まれて興味をもたれたなら、この会にぜひ参加をしていただきたい。

　場所はＪＴＥＦの事務所なので、虎ノ門金比羅宮に初詣をするついでに、足を伸ばしていただくというのもいいかもしれない。また、賛同者の一人でもある画家の田中豊美さんが描かれた動物の絵もたくさん展示しているので、こちらのほうもご覧になっていただきたい。「本当に絵なの⁉」と驚かれることだろう。

　総会では、トラ・ゾウ・イリオモテヤマネコに関する活動報告を行うわけだが、やはりその年に一番話題となっている話を中心にして、一般の人が疑問に思うことにできるかぎり答えるようにしている。もちろん、その際には、本書で述べているようなＪＴＥＦの考え方も伝えている。

　二〇一九年一月の総会では、西表島支部の事務局長とスカイプでつなげ、ヤマネコの事故や世界自然遺産への登録で懸念される点などについて話をしたが、ワシントン条約締約国会議があった年には、会議場で話されたことだけでなく、新聞には書かれていないような裏話なども伝えてきた。現場にいないかぎり分からないような話、それを聞くことで保護活動の真の意義を知ることにつながると思う。

二〇二〇年一月の総会後に開かれた交流会には、JTEFの正会員である琵琶奏者兼弁護士の片山敦朗さんが初めて参加されたので、普段あまりなじみのない琵琶という楽器について話を聞くことができた。琵琶奏者というと年配の人を思い浮かべるかもしれないが、片山さんはまだ四〇歳になったばかりである。早稲田大学在学中に全国初となる学生琵琶サークルを創設し、現在、弁護士家業の傍ら幅広い音楽活動を展開している。

和楽器、とくに三味線のバチや糸巻、琴の爪、琴柱などに象牙が使われていることは知られているが、琵琶にも使われているそうで、絶滅の恐れのある野生動植物の国際取引を規制するワシントン条約において、国際間の移動に規制のある象牙問題を聞くために参加したという。

琵琶は、七、八世紀ごろに中国から日本に入ってきた。伝来当時の琵琶が、奈良東大寺の正倉院に宝物として残されている。半開の扇もしくはイチョウの葉に似たバチで弦を弾奏する楽器だが、楽琵琶や平家琵琶、盲僧琵琶には象牙は使われていないという。盲僧琵琶から薩摩琵琶や筑前琵琶に発展していく過程で、音量や音質のため、または装飾として糸口や柱、バチに象牙が使われるようになったようだ。

　ちなみに、三味線のバチなどに象牙が使われるようになったのは江戸時代中期頃で、やはり音量の増大化や音質の追求などを理由にして使用されてきたという。

　洋楽器でも、マンドリン、チェンバロ、ギター、バイオリンなどの駒や弓の先に象牙が使われていることがある。二〇一八年に行われたワシントン条約の会議に出席していたＥＵのあるＮＧＯが、「オーケストラが象牙付きの楽器を持って海外に遠征するときが問題である」と言っていた。バイオリンの弓に使われている象牙は、先端にわずか〇・二五グラムでしかなく、まさに装飾を目的としたものである。

　交流会で話された片山さんも、このＮＧＯと同じ問題を述べていた。象牙のついた楽器を海外に持ち出すためには許可を得なければならないのだ。国に

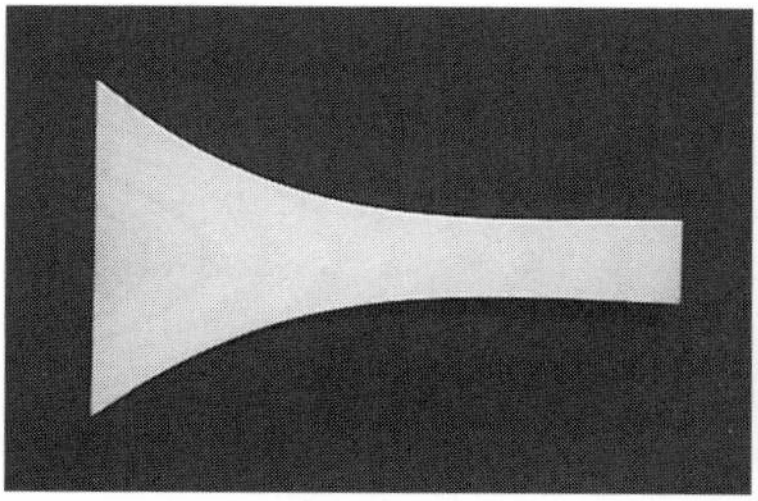

三味線のバチ

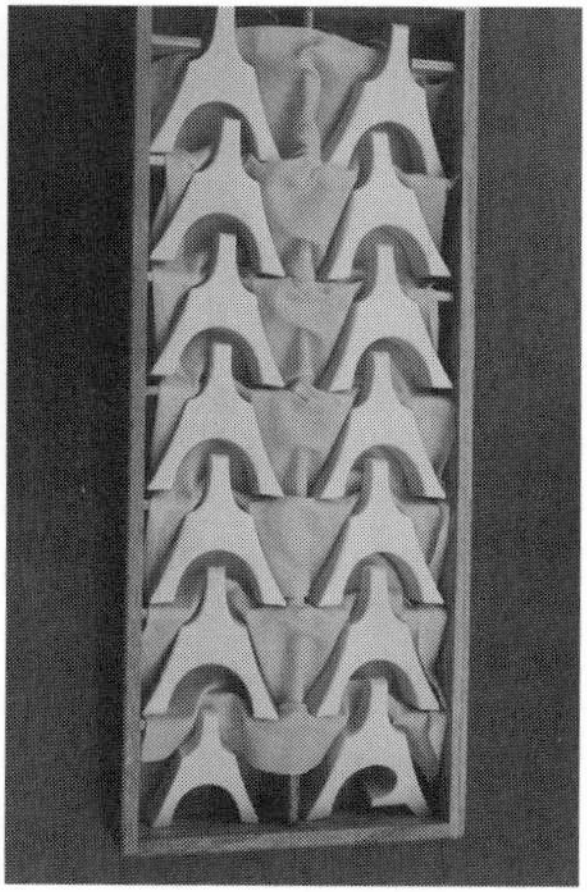

琴柱のセット

よって特例が設けられている場合はその許可が免除されるが、相手国にその規定がなければ許可を得る必要があるなど、渡航前の手続きがかなり面倒になるという。

「だから、私は飾りのような象牙は使う必要がないと思っている。象牙フリーの琵琶を推薦したくて、今、本を書いている」と、片山さんは言っていた。

こんな話を聞いたあと、ほかの琵琶奏者が象牙問題についてどのように思っているのかとインターネット検索してみたら、厳島神社などで演奏活動を展開している塩高和之さんが立ち上げているブログを見つけた。そこには、次のように書かれていた。

やはり時代に対応して、ハードの面もどんどん変えていかないと、世界に受け入れてもらえません。もう象牙や犬猫の皮を使うことは世界標準のセンス、モラルから見ても、別素材に変更すべきだと私は以前から考えていました。当然音質面は以前とは変わるでしょう。でも五〇年前の三味線と今の三味線では全く音の出方が違うというのも事実です。ピアノの鍵盤も、ドラムのヘッドも、箏の絃も皆こうした時代に合わせた改良を経ても、現代に夫々素晴らしい響きを作って来ているのです。勿論演奏技術も楽器の変化に合わせて変わってきますし、表現の仕方や音楽そのものも変わります。世の人々が良いと思う音のセンスも変わって行きます。音楽は常に世の中と共にあってこそ音楽。変わってゆくことこそが自然なので

―す。そこを忘れては音楽は成立しません。何事も変われないものは滅んで行くのです。

ＪＴＥＦで活動する私たちにとってはこのうえないコメントである。二〇〇二年のことだが、象牙のバチを使わずに演奏する三味線奏者とコラボ音楽会を横浜市・上大岡で行ったことがある。このときは、ＪＴＥＦの賛同者でもある動物肖像画家の相澤登喜恵さん（三一ページ参照）が描いたたくさんの絵を舞台に飾り、象牙問題を含めて「野生動物トーク」も行った。

また、二〇一〇年には、横浜の神奈川県立音楽堂で賛同者のケーナ奏者である瀬木貴将さんの音楽会を行うと同時に野生動物に関するトークショーを開催した。これは二年続けて行ったが、いずれもたくさんの人に喜んでいただくことができた。しかし、準備とコストを考えると、そのあとは続けることができなかった。

さらに、二〇〇九年からは毎年、インド大使館のホールを借りて、「ジャータカ」という古くからインドに伝わる物語をお芝居にして、活動報告とのコラボレーションを行ってきたが、

相澤登喜恵「ジャータカ」絵画展のチラシ

インド大使館では入場料を徴収することができないうえにサポーターグッズの販売もできないため、準備、コスト、そしてＪＴＥＦへの寄付を考えると続行することが難しく、五年で中止せざるを得なかった。

音楽イベントや芝居、絵画展など、いろいろな文化活動をこれまでも啓蒙活動に利用してきた。それらすべてにたくさんのアーティストが協力してくれたが、その機会やアートの力を私たちが十分に使い切れなかったというのが実情である。その場で「なるほど！」と頷いてくれる参加者が、その後、ＪＴＥＦの活動につながるように仕向けることができなかったというのが正直なところである。

たぶん、参加者の心に響くのは、アーティスト自身の言葉なのだろう。だから、神奈川県立音楽堂でそれに気付いた瀬木さんは、ご自身の小さなライブコンサートのときに、ファンの人たちに響くようにさらっと野生動物の危機を話しながら、情熱を込めた音楽を楽しんでもらうというスタイルを確立されたのだろう（三四ページ参照）。

私たちがやるべきことは、アートの力をもっている人たちに現状を話し、彼らに自分の言葉で伝えてもらうこととなる。アーティストだけではない。総会や交流会に参加してくれる人たち一人ひとりに、さまざまな機会で発信者となってくれることをもっとお願いすべきなのかもしれない。きっと、それぞれの方の言葉が新しい出会いを紡いでくれることだろう。

第

2

章

野生のトラを保護する活動

作画：田中豊美

野生のトラとは

かつて、世界一四か国に棲息していた野生のトラ、現在の生息数をみなさんはご存じだろうか。一四か国といっても、世界中に棲息しているわけではなく、すべてアジアとなる。インド、インドネシア（スマトラ島）、タイ王国、中華人民共和国（雲南省、吉林省、黒竜江省、チベット自治区）、ネパール、バングラデシュ、ブータン、マレーシア（マレー半島）、ミャンマー、ラオス、ロシア東部、ベトナム、カンボジア、北朝鮮といった国々に拡がる森において、トラは「食物連鎖の頂点」に立っていた(1)。

それゆえだろう、中国で「百獣の王」と言えばトラを指しているし、日本でもその獰猛さを称えるように、上杉謙信を「越後の虎」、武田信玄を「甲斐の虎」と後世の人が呼び、強さの象徴としてきた。

日本人とトラとの関係は意外に古い。『日本書紀』の欽明六年（五四五年）には、「百済に派遣された膳臣が子供を食べた虎を倒し、その皮を剥いで持って帰った」とある。「虎」という文字が見られる最古の記述だが、この武勇談は中世の『宇治拾遺物語』にも「遣唐使の子、虎に食る、事」という説話として採録されている。

　また、一休宗純（一三九四～一四八一）が屏風に描かれた虎を退治するよう言われ、「では、まず虎を屏風から追い出してください」と切り返すとんちのほか、豊臣秀吉の家臣であった加藤清正（一五六二～一六一一）が、朝鮮出兵中に「虎狩り」をしたという逸話がよく知られている。実は、この逸話にあやかって、明治時代以降、多くの日本人が虎狩りを行っていたともいう。

　そして、戦国時代から江戸時代、狩野派の絵師によって描かれた屏風絵や襖絵、障壁画などにもトラの絵が見られる。有名なものとして、京都南禅寺の大方丈の背後に接続した小方丈(2)の内部に、狩野探幽（一六〇二～一六七四）の筆と伝えられている『群虎図《ぐんこず》』（四〇面・重要文化財）がある。ご覧になった人であればご存じだろうが、よく見ると、トラに混じってヒョウが描かれている。これは、トラやヒョウの実物を見たことがない時代、当時の常識として「ヒョウは雌のトラ」と考えられていたことによる。

　この小方丈は「虎の間」と呼ばれており、大方丈前面の庭園は「虎の子渡しの庭」と呼ばれ、小堀遠州（一五七九～一六四七）の作と伝えられている。京都観光に行かれるとき、ちょっと意識して南禅寺を拝観していただきたい。

（1）現在は、北朝鮮、ベトナム、カンボジア、ラオスには棲息していないことが確認されている。
（2）一六二四年～一六四四年の建築で、伏見城の遺構とされている。

同じような例が、秩父神社と日光東照宮の彫刻にも見られる。現在の秩父神社社殿は、武田信玄の手によって焼失（一五六九年）したあと、一五九二年に徳川家康の力で再建されたものである[3]。一方、世界文化遺産ともなっている日光東照宮は、ご存じのように徳川家康がまつられている神社で、現在の社殿群のほとんどが三代将軍徳川家光による「寛永の大造替」（一六三六年）で建て替えられている。

徳川家康（一五四三〜一六一六）は寅年生まれということもあり、家康と縁のあるこれら二社の建造物にはトラの彫刻が数多く施されている。そのなかに、『群虎図《ぐんこず》』と同じくヒョウの姿が描かれている。また、日光東照宮の表門にもトラの彫刻がいくつも施されている。表門の内陣の梁上には、右にトラ、左にヒョウが対になって彫られている。繰り返しなるが、当時は雌のトラがヒョウと考えられていたので、「雌雄一対の虎」の彫刻ということになる。

一方、秩父神社の拝殿正面には、名工左甚五郎（一五九四

秩父神社の社殿に施されている「子宝・子育ての虎」

〜一六五一・諸説あり）の作と伝えられているトラの彫り物が四面にわたって施されている。そのなかの「子宝・子育ての虎」と呼ばれている彫刻には、トラの子どもと戯れるヒョウが描かれているわけだが、もちろん、このヒョウも「母トラ」を意味している。

このように、実物を見たことがないはずなのに、トラはさまざまなところで描かれ、日本人に親しまれてきた。現代で「トラ」と言えば、マンガの『タイガーマスク』か、熱狂的なファンの存在で知られるプロ野球球団「阪神タイガース」となろう。とはいえ、阪神タイガースのロゴに描かれているトラが、どこのトラなのかは知らない。

トラの分類・分布

二〇世紀の初頭には九亜種（別種とまでは言えないものの、お互いの間で相当の変異が見られる種の地域的グループ）いたトラは、バリトラ、カスピトラ、ジャワトラ、アモイトラの四亜種が絶滅し、現在五亜種が細々と生存している（次ページの表を参照）。ひと言で「トラ」と言っても、五亜種が存在しているわけだ。もちろん、前述したように、そのすべてがアジアに棲息している。さて、冒頭の問いである「現在の生息数」の答えを記すことにする。

（３）　一九七〇年に解体復元されている。

表　トラの生息国

名前	生息国
Panthera tigris tigris ベンガルトラ（Bengal tiger）	インド、ネパール、バングラデシュ、ブータン
Panthera tigris altaica アムールトラ（Siberian tiger）	ロシア（ウスリー東部）中国東北部
Panthera tigris corbetti インドシナトラ	タイ、中華人民共和国南西部、ミャンマー、ラオス、ベトナム
Panthera tigris sumatrae スマトラトラ（Sumatran tiger）	インドネシア（スマトラ島）
Panthera tigris jacksoni マレートラ（Malayan tiger）	半島マレーシア

（注）ラオス、ベトナムでは、絶滅宣言待ちとなっている。

二〇世紀初頭には、東トルコからオホーツク海に至るまで、アジアに広く分布していた。熱帯性落葉樹林からシベリアのカバノキ林、川と海が出合うマングローブ林、ヒマラヤ山麓の深い草原というように多様な環境に適応してきたわけだが、現在ではその広大な分布も見る影がない（分布図を参照）。また、二〇世紀初頭には一〇万頭と言われた個体数も、現在は、「国際自然保護連合」（IUCN：International Union for Conservation of Nature）の二〇一四年時点での評価によると二二五四頭〜三一五九頭とされている（IUCN Red List 2014参照）。

ここでいう個体数とは、単純にトラがいるというだけではなく、繁殖している場所を把握し、そこに生息する成熟した（繁殖可能な）トラの個体数を指している。それゆえ、二二五四頭というのは、二〇一〇年のレッドリスト評価のために算出された近似

トラの分布図

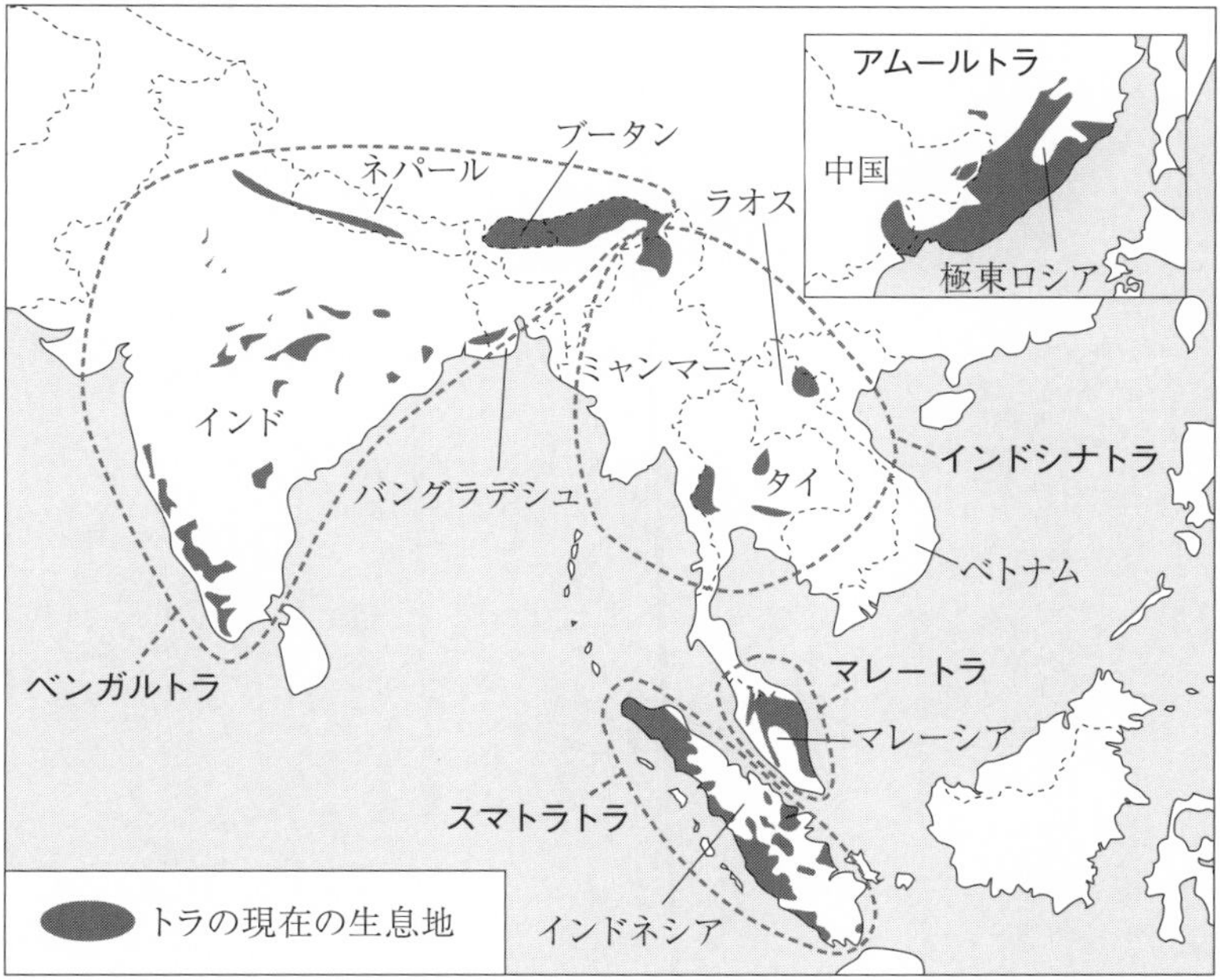

（出典：IUCNマップ2014年。iucnred list.org/species/15955/50659951）

注：20世紀初頭にはアジアに広く分布していたトラも、現在は生息地の破壊と分断によって、点々と残るのみとなっている。トラが生き残るためには、保護区から保護区へ、身を隠しながら移動ができるコリドーが必要となる。

中央インドのマハラシュトラ州において、コリドーを分断している国道53号線（旧6号）。121ページからの記述で詳述。

値となる。これに対して三一五九頭というのは、二〇〇九年から二〇一四年の五年間において各国が行った科学的調査結果に基づく数となる。一部の重要な地域（ロシア極東など）が含まれていないためこれは最小の概算となるが、二一五四頭よりも正確な推定値である。つまり、推定の精度が上がったために個体数がもう少し多かったと分かっただけであり、五年間で二一五四頭から三一五九頭まで増加したと解釈してはならない。

トラはインドのある地域（西ガーツ、中央インド、コルベット一帯など）では個体数が増加しているが、とくに東南アジアの主要な地域では減少しているのだ。さらに、インドシナトラがラオスとベトナムに生息していたが、今は絶滅宣言待ちとなっているほか、カンボジアのトラは二〇一六年に「絶滅」が政府から発表されている。このように減少した理由は、中国の薬酒「虎骨《ここつ》酒《しゅ》」をつくるための骨や、毛皮を目的とした密猟が増加したからである。

減少の一途を辿っている野生のトラだが、実は地球上では、各国の動物園で飼育されている以外に、アメリカでは五〇〇〇〜一万頭ものトラがペットとして一般家庭や繁殖施設で飼育されているのだ。また、アジアでは中国やベトナム、ラオス、タイ、さらに南アフリカで八〇〇〇頭以上ものトラがファームで飼育されている。

商業目的で繁殖させる「タイガーファーム」は野生のトラの減少とともに盛んになり、中国だけでも五〇〇〇頭〜六〇〇〇頭ものトラが虎骨の漢方薬利用のために飼われていると報告されている。二〇〇七年から、ワシントン条約締約国会議でインドが「タイガーファーム」の閉鎖を強く訴え続けているが、結果は芳しいものではない。

なぜインドが……。その答えは、全個体数の三分の二がインドに棲息していることから、インド政府の保護活動が他国よりも進んでいるからである。とはいえ、インドにおける保護活動費は決して十分なものとは言えない。そこで、世界からさまざまなNGOがインドに入り、野生のトラを保護すべく支援活動を行っている。もちろん、私たち「トラ・ゾウ保護基金（JTEF）」もインドに渡り、同じく支援活動に携わってきた。

本章で描くのは、その経緯と実態である。一九九八年からはじまったJTEFのインドでの保護活動の様子、そのほとんどがひと筋縄ではいかない問題を抱えていたが、着実に成果を上げてきた。それを証明するように、今まで見向きもされなかったJTEFの活動地帯が、今ではナレンドラ・モデ

中国・黒竜江省のタイガーファーム

ィ首相が胸を張って、「トラ保護の成功例」と声高に言うまでの状態となっている。

保護活動の詳細を読むにあたって、まずはトラの生態について知っていただきたい。普段は動物園でしか見かけないため、トラがどれくらいのエリアを実際に移動しているのかなど、想像することすらできないだろう。

トラの生態

群れは形成せず、繁殖期以外は単独で生活している。行動範囲は、獲物の量などによって変動はあるが、オスの場合、平均的数十平方キロメートルから数百平方キロメートル、メスは数十平方キロメートル圏内で行動し、縄張りのなかを徘徊してフンや爪跡を残すほか、肛門の臭腺からの分泌物を含む尿を木や岩、茂みに撒いている。三～四頭のメスの「縄張り」を囲むように、オスの「縄張り」が形成されている。

メスの妊娠期間は一〇〇日程度で、一回に二～三頭の子どもを産む。メスのみで幼獣を育て、オスの子は生後一八～二〇か月、メスの子は二四か月まで母親の縄張り内で生活し、徐々に独立していくことになる。新天地を求める若いトラがなかなか縄張りをもてず、すでにあるオスの縄張りに入ると殺されるということもある。生息地が狭められ、分断されつつある近年、生息環境の整ったところといえば保護区になるわけだが、そこに新しい縄張りを確保することが難しくなっている。

ネコ科動物にしては珍しく、温暖な地域に生息するトラは避暑のため水に浸かるほか、泳ぎも上手く、泳いで獲物を追跡することもある。驚くことに、河川を六~八キロも渡ったり、約三〇キロ泳ぐこともあるといった報告がなされている。

食性は動物食で、主に哺乳類（シカ類、イノシシ、野生のウシなど）を食べるほか、ツキノワグマやナマケグマ・ヒョウなどといった他の肉食獣を捕食することもある。大型の獲物が得られないときは、ヤマアラシ類などの齧歯類（子トラは、ヤマアラシの棘でケガをすることもある）、鳥類、カメ類、カエル、魚類などといった小型の獲物を食べるほか、水辺で「ワニを狩る」というトラもいるようだ。

長距離を走ることは得意でなく、獲物を発見すると茂みなどに身を隠しながら近距離まで忍び寄り、獲物に向かって跳躍して倒し、噛みついて仕留めるといった方法がトラの「狩り」である。成功率は意外に低く、一〇~二〇回に一回成功する程度

子トラを連れたメストラ（撮影：吉野信）

でしかない。捕らえた獲物は茂みの中などに運び、大型の獲物であれば何回かに分けて、数日かけて食べている。

このような特徴を踏まえて、みなさんの想像力をフルに発揮して読み進めていただきたい。

トラ保護基金の歴史

一九九七年、私は仲間とともに、アムールトラの生息地を旅するツアーに参加した。冬はマイナス三〇度にもなる、獲物動物の少ない広大なロシアに生息するアムールトラは、一九九一年にソ連邦が崩壊し、国境が開かれた途端密猟者がどっと流れ込み、毛皮や漢方薬に利用する虎骨《ここつ》の密猟にあい、危機に陥った。ひと冬で一五〇頭ものトラが殺された年もあるという。当時、四〇〇頭ほどいたアムールトラは半減し、国際的にトラの危機が叫ばれるようになったわけだが、私が訪れたときには保護の機運がすでに高まっていた。

私としては、このツアーに強い思い入れがあった。晩年、トラの研究に勤しんだ父戸川幸夫はトラの亜種が棲息するほとんどの地域を訪れていたが、ソ連邦崩壊の翌々年に脳梗塞に倒れたためアムールトラの生息地にだけは行っていなかった。トラのバイブルとも言える専門書『虎・この孤高なるもの』（講談社、一九八〇年）を出版し、『白食山塊（上・下）』（毎日新聞社、一九八一年）というロシアを舞台にしたアムールトラの長編小説も書き上げた父だけに、ロシアには何としてでも行きたかったと思う。そんな父の代わりに、私がしっかり見てこようと思ったわけである。

国際的には保護の機運が高まっていたものの、当時のロシアにはトラを保護するだけの経済的なゆとりはなかった。アメリカやドイツのＮＧＯが資金援助を行ったおかげで、ロシア政府はパトロール隊を結成することができていた。「プロローグ」で触れたように、私たちはアメリカとロシアの研究者たちが共同でトラを守っている姿をしっかり見ている。

前述したように、トラはアジアにしか生息していない。そのアジアに位置する日本は経済大国である。しかも、新潟からたった一時間半で行けるという近さにもかかわらず、当時の日本ではトラの保護などまったく考えてもいないかのように、合法のもと虎骨《ここつ》入りの漢方薬が堂々と販売されていた。

日本でも野生のトラのために何かしたい――私たちは、日本人としての責任感と正義感、そして、母親が殺されたために保護され、野生に戻ることができなくなった赤ちゃんクマや子トラの姿をロシアで見て、帰国してすぐに「トラ保護基金」を立ち上げた。つまり、野生のトラを保護するために動き出した瞬間である。

「トラ保護基金」を立ち上げた目的は、日本で寄付を集め、現地でトラと生息地を守っているレンジャーに必要な物資を届けるほか、日本でトラの危機を発信し、トラ製品の販売禁止を促すことである。当時、私たちはワシントン条約締約国会議で出会ったアジアのNGOたちと「Asian Conservation Alliance」というネットワークをつくっていた。そこにロシアやインドでトラの保護活動を行っている人たちがいたので、彼らと相談しながら支援計画を練っていくことにした。

一九九七年から二〇〇六年にかけてロシアへの支援を行ったが、当時、アムールトラの個体数は非常にあやふやなものでしかなかった。足跡調査によるセンサス（公的機関などによって行われる大規模な調査）なのだが、ダブルカウントが多いという批判が強かった。セルゲイ・シャイタロフ氏が事務局長を務める「トラ保護協会」（TPS：Tiger Protection Society）」では、アムールトラの危機を明らかにするために訓練した犬を使って、トラのフンから個体識別をするという手法を模索していた。

実際、ロシア極東地域のラゾ保護区においては、足跡調査では二二頭と発表されていたトラの個体数が、犬を使った試験的調査では一〇頭であったという結果が出ている。そこで、この調査方法を確立させるために必要とされる無線機、ヘッドライト、電池、広口瓶などの備品と、パトロール用の車両やパトロール隊員の給与などといったすべての活動費を「トラ保護基金」が支援することにした。しかし、想像を絶するような出来事が当時のロシアにあった。

ロシア「タイガーボランティア」への嫌がらせ

ロシアのセルゲイ・シャイタロフ氏が、二〇〇〇年にトラやその生息地を守るために「タイガーボランティア」という新組織を設立した。セルゲイ氏は、旧ソ連邦で海洋汚染の取り締まりを担当したという経歴をもっている。また、ほかの三人のメンバーも、警察官や元希少野生生物取り締り部隊のメンバーといったように豊富な経験を有している。さらにメンバーには、生まれたときから特別な訓練を受けてきた犬の「マーク」が含まれていた。

当時、ロシア極東は社会混乱から経済的に困窮していて、一人当たりの生活レベルは月額四〇～五〇ＵＳドル（二〇〇〇年当時、一ドルは一〇七円）ほどで、約半数強の人がこれ以下の生活を余儀なくされていた。ウラジオストクではストリートチルドレンも多く、ドラッグが小学生にまで入り込むといった状況であった。それゆえ、森林に入り込んで、元手のかからないトラの獲物であるシカやイノシシの密猟をしたり、保護区内で木材や朝鮮人参などを採取して生活の糧を得るという人が多かった。

「タイガーボランティア」は、沿海地方南部の「ケドロバヤパジ自然保護区」で保護区長と委託契約を交わし、正式に保護区内でのパトロールを行う権限を得た。そして、三か月で三〇件の密猟を検挙したわけだが、この数字、前年の一年間に「保護区レンジャー」が検挙した件数の二倍となる。いかに保護区レンジャーが働いていなかったかという証明になるのだが、それにしてもこの差には驚いてしまう。実際、私たちが訪ねたときも、保護区長は昼間からウオッカを飲んでいたし、ほかのレンジャーたちもパトロールをしているようには見えなかった。

タイガーボランティアのメンバーは、赴任したばかりの一〇月、保護区に隣接している緩衝地帯（立ち入りは許可されているが、人間の活動は禁止となっているエリア）で、船会社の社長が大っぴらに密猟している姿を発見した。発見時には釣りをしていたのだが、車にはライフル銃が積まれており、機会があれば大物を仕留めるつもりであった。

これまでの保護区レンジャーは緩衝地帯での取り締まりを行っていなかったので、この社長を含む三人は「何が悪い？」と開き直った。また、始末の悪いことに、この社長はロシア社会の上層部とつながっていたため、保護区長に取り調べの見直しを要求するという圧力をかけてきた。

この圧力を恐れた保護区長は、ライフル銃を所持していたことを隠して供述書をつくり、検察官に提出することにした。

タイガーボランティアのメンバーと犬のマーク

そのため、この社長は魚の密漁事件のみで処罰されることになった。しかし、タイガーボランティアが改めてライフル銃の所持を報告したことでこの社長は再度告発されることになったが、社長は逃走して行方をくらましてしまった。これが、当時のソ連という国の実態である。

翌月、中国で食用や薬になるために高く売れるというカエルを保護区内で密猟したとして、三人がタイガーボランティアに逮捕された。この密猟者たちも保護区レンジャーの顔なじみであった。彼らはいつもライフル銃でレンジャーを脅すという行為を繰り返し、レンジャーたちも手出しができなかったのだ。

もちろん、タイガーボランティアのメンバーにもライフル銃をかざし、「動くと撃つ」と脅してきたが、一人のメンバーがタックルをして捕らえ、保護区長の自宅まで車で連行した。結局、保護区内でのカエル五一七匹の密猟という刑事事件として裁判所に送られ、それぞれが四五〇USドル（一年分の給料）の罰金を支払っている。

二〇〇三年、有力者を厳しく取り締まるタイガーボランティアを保護区長がうっとうしく思うようになり、その保護区からタイガーボランティアは締め出されてしまった。その後、新たに海洋保護区の陸上部分でパトロールを開始することにした。このエリアにはトラも現れており、かつてタイガーボランティアには、人里に出てくるトラを花火や爆竹を使って森に追い返していたという経験があった。

許可を受けた人しか保護区内に入れないのだが、これまでは取り締りが行われなかったために五〇〇〇人ほどの人が入っていた。もちろん、タイガーボランティアはこれらの人々を退去させているが、そのなかには沿海地方次席検事や警察の上層部も含まれていた。権力者と称される人々を含め、これだけ大勢を退去させたのは二五年間において初めてのことであった。

さらに、プーチン大統領が海洋保護区を訪れるという直前の取り締りのとき、何と無断で立ち入りをしていたのはハサン地方の知事であった。彼は、「俺は知事だ。なぜ許可書が必要なのか」と開き直り、咎めたタイガーボランティアのメンバーに対して、ボディーガードと共に殴る蹴るといった暴行を加えたという。抵抗しなかったメンバーが警察に行って証言し、証拠を提出している。このような高官による刑事事件は、ロシアはじまって以来初めてのケースだったという。

この知事は水産関係の利権を握っており、密漁や違法取引

取り締まるタイガーボランティア

ロシアの保護区の地図

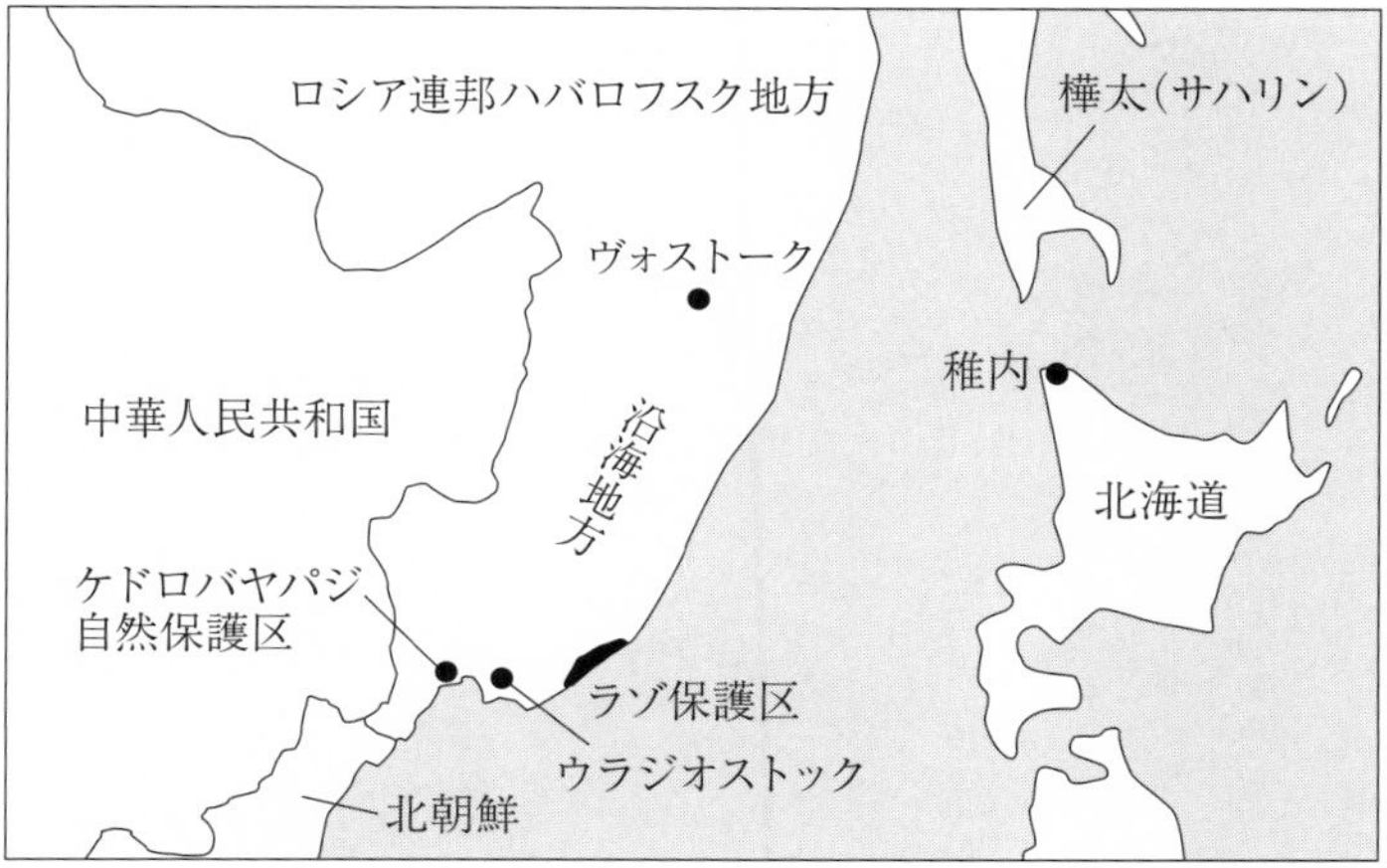

との関係をかねてより噂されていた人物であった。裁判の結果、この知事は四年間にわたって公職に就くことが禁止となった。もちろん、と言うべきであろう。控訴はしたが、沿海地方裁判所はこれを棄却している。

翌年の二〇〇四年には、トラが生息するラゾ保護区から要請があり、新たな保護区でのパトロールをはじめることにした。そして、四人の密猟者を摘発したが、地元警察は彼らが地元の有力者だったという理由で受け取ることを拒否したため、沿海地方にある地方レベルの警察に訴え、地元警察を説得してもらうという形で告発した。

どこの地元警察も、密猟者が有力者だと知っているために告発を受けたがらないという。さらに、密猟事件の三〜四割は警察が絡んでいるともいう。また、タイガーボランティアによる厳格な取り締りを良しとしない人々から、パトロールの車を阻止するために罠を仕掛けられたこともあったという。先がナイフのように尖っている仕掛けが道路に置かれ、その上を走るとタイヤがパンクするというものであった。

この時期からタイガーボランティアへの反発が強くなり、二〇〇五年七月には、メンバーの一員であり、生後六か月の犬マーク（一〇四ページの写真参照）が毒殺されている。マークは、人が探しきれなかった密猟の証拠品を次々と探し出したり、隠れていた密猟者を発見したりと多大な功績を残した犬であった。また、沿海地方のパトロール技能を競う犬の競技会でも優勝したという経験もあった。こんなマークの死は、即死に近かったそうだ。タイガーボランティアに恨みをもっている密猟者の仕業にちがいない。犯人は三人に絞られたが、決定的な証拠がないうえに、警察も「たかが犬の死」として捜査することがなく、うやむやになってしまった。

そして、翌年、ラゾ保護区の区長が、契約がまだ三年も残っているにもかかわらず保護区の取り締り範囲を、突然、密猟者が現れることのないかぎられた地域に限定してきたのだ。さらに、タイガーボランティアに協力的であった一人の保護区レンジャーが行方不明になって戻ってこないという事件も発生した。殺されたのではないか、という噂がこのときには立っている。また同時期、保護区レンジャーの一人がタイガーボランティアのところにやって来て、「給料が少ないから密猟せざるを得ない。邪魔をすれば殺す」と脅したともいう。

「警察官や政治家、地元の有力者が密猟に加担することがロシア沿海地方での日常となっており、取り締り活動はストレスが溜まるというのが当たり前になっている」

と、セルゲイ氏は口癖のように話していた。実際、悪に目をつぶってきた保護区長たちからは何度も疎まれてきたし、密猟した地方知事を取り締まったときには暴行も受けたという。とはいえ、裁判では有罪判決を得ることができている。

しかし、二〇〇五年の年末に起こった事件はひどかった。一二月三〇日から翌年の一月一〇日まで冬期の休暇となる。この休暇がはじまる前、ガレージに入れてあったタイガーボランティアの車のオイルタンクに一キロもの砂糖が混入されていたのだ。もし、気付かずに運転し、途中でエンジンが故障したら、年末年始で人のいないマイナス三〇度の路上で凍死することになる。

鍵のかかっているガレージに入れるのは三人だけだった。そのうちの一人が怪しく、犬のマークに毒をもったのも彼だと考えられていた。その後、運転手としてタイガーボランティアと共にパトロールをしていた保護区レンジャーが、車を取り上げられたことが理由で仕事を失い、ストレスから病気になって入院したという。

このような事件が続いたことで、タイガーボランティアはこの保護区での活動をあきらめ、撤退することにした。そして、かつていたケドロバヤパジ自然保護区のパトロールが不十分だと知り、再び入ろうと考えたが、どうもメンバーの士気が上がらない。体調がすぐれない人も出てきたため少し休養が必要ということになり、活動を休止せざるをえなくなった。

ここに記したのは保護活動の一部でしかないが、読まれて分かるように成果が目に見えて現れることはほとんどなく、これで「終わり」ということもない。それでも毎日続けていかなければならないし、命の危険もあるという厳しい活動である。それに、トラの密猟者を簡単に捕まえることもできないのだ。「たかがカエルの密猟か」と思われたかもしれないが、銃を持っている密猟者はトラに出会えばすぐに銃を発砲するのだ。ロシアに行ったことで、私は改めてそのことを実感した。

日本で行っている教育普及活動では、「野生動物の保護」をキーワードにしてイベントなどで話をしているが、ここで紹介したようなことはこれまであまり述べることはなかった。しかし今後、このような保護活動の舞台裏も含めて伝えていこうと考えている。命をかけて保護活動に従事している人のことを知る、これに勝る啓蒙活動はない。

インドへの支援

初めてのインドへの支援は、防犯用の催涙ガススプレーが「五本」だった。一九九七年、「インド野生生物保護協会（ＷＰＳＩ）」の代表を務めているベリンダ・ライト氏（「プロローグ」参照）からの求めに応じたものである。ライト氏は、インドのトラが密猟、密売される現場で覆面調査を行っている。野生動物に関する犯罪は、ドラッグ、銃と並んでマフィアの三大資金源となっているため、当然、危険と隣り合わせの調査となる。マフィアなどにライト氏の正体がばれた際、逃げるときに撒きちらす防犯用の催涙ガススプレーがインドでは値段が高く、手に入りにくいからというのが理由であった。

「プロローグ」で紹介した、「インドに寄付してもらうより、まずは日本国内でトラ製品が販売禁止になるよう、法規制するように訴えてほしい。買わなければ殺されないのだから」という言葉は、このときにライト氏から聞いたものである。その後、「トラ保護基金」は、日本国内でトラ製品の販売禁止を実現するための活動に取り組むことにした。関東にある漢方薬店での流通調査を一九九七年から定期的に行っているほか、一九九九年には北海道美瑛町にある「シベリア・タイガーパーク」という施設を報道機関とともに調査している。

この施設は一九八〇年に開業し、その後数年間は五ヘクタールの敷地にアムールトラやライオンなどを飼育して観光客に公開していたが、調査のときは休業中であった。トラやヒョウの毛皮のコートを販売していたが、当時のパンフレットには「アムールトラのコート　五〇〇〇万円」などと書かれていた。また、報告されていたトラの飼育頭数は四五頭であったが、立ち入り調査で分かった実数は九頭だけであった。そして、骨を漢方薬に利用しようとしていたことが分かっている。

一九九九年六月、ワシントン条約の「トラ調査団」が来日した。このときの目的は、一九九七年の「ワシントン条約第一〇回締約国会議」での決議に基づき、トラの生息国と消費国の状況を調査し、各国が展開しているトラ保護政策の改善に生かすことであった。「トラ保護基金」は、二年半にわたる日本国内でのトラ製品の販売実態をまとめたレポートを調査団に手渡している。また、トラペニスが売られている精力剤店（三店）に案内したところ、簡単にトラ製品が買えることに調査団が非常に驚いていた。

その後、調査団の報告を受けた上級クラスのワシントン条約使節団が来日し、ようやく日本政府が重い腰を上げ、一九九九年一二月、国内法の改正を発表することになった。これにより、規制外だったオスの生殖器や虎骨《ここつ》がやっと規制対象となり、店頭にある商品は登録をしなければ販売できなくな

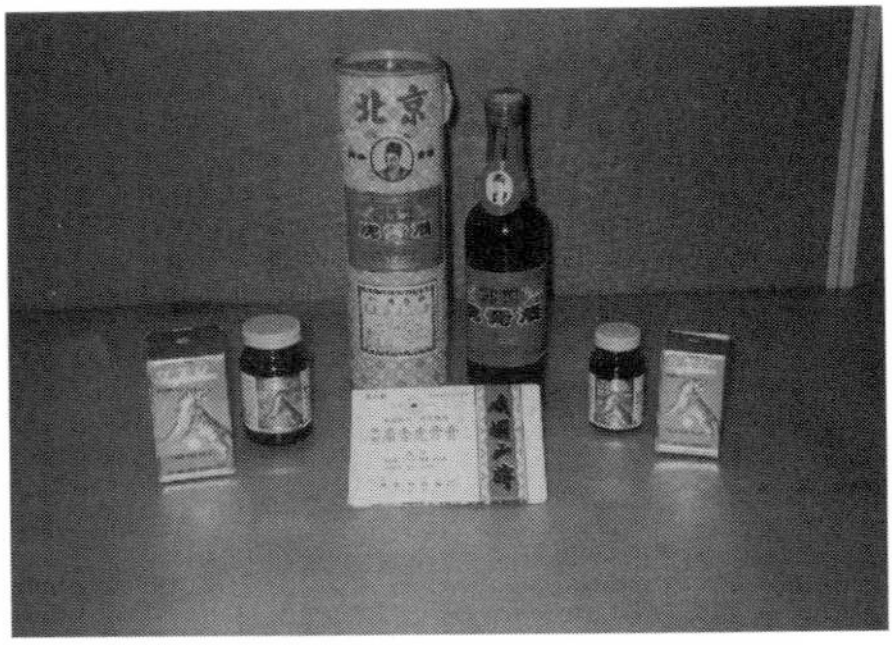

トラの成分が使用されている様々な漢方薬

った。登録できるのは、条約適用以前に入手されたものにかぎられた（実際、登録を受けた虎骨などはなかった）。

これ以後も「トラ保護基金」は、二〇〇一年、二〇〇四年に継続調査を行っており、隠れて店頭に置かれているトラ製品や、インターネットで販売されているものが簡単に買える現状をレポートにまとめ、環境省、厚生労働省、警察、税関に情報提供を行っている。

村人への支援

前節では、トラに関する保護活動の初期を簡単に振り返ったが、知り合いなどに「トラの保護活動をしている」と話すと、誰もが一様に、「野生のトラを守るって、いったい何をするんですか？」と尋ねてくる。トラが毛皮や骨を漢方薬にするために密猟されていることを知っている人も最近は多くなってきたが、まさか私が密猟者と戦っているとは思わないだろう。たぶん、密猟パトロールをする人たちへの装備支援ぐらいだろう、と思う人たちがほとんどである。

もちろん、「トラ保護基金」は、これまで密猟者と戦う人たち、日々パトロールをするレンジャーに対してフィールド装備を支援してきたし、現地では喜ばれている。ただ、人口の多いインドで野生動物を守るということは、それらの動物と日常的に隣り合って暮らしている人たちに、「野生動物との共存」という意義を分かってもらう必要が出てくる。また、野生動物を守るということは、その動物がいる地元の人たちの協力がなければ成し遂げることができない。インドにかぎらないことだが、その一例を紹介していきたい。

インドでトラの保護活動をはじめて二〇年が経過した。インドには、トラのいる保護区がたくさんある。日本ではあまり知られていないが、世界中から保護団体が支援を申し出ているのだ。とはいえ、欧米の大きい団体の場合、小さい保護区のことはあまり意識されず、トラの個体数が多い保護区を対象にして支援を行っている。

欧米の団体は、もはや「ＮＧＯ」とは呼べないほどの規模になっている。日本の一部上場会社並みの資金があるため、広い保護区を支援先として選んでいる。一方、私たちが運営しているＪＴＥＦは小さな団体である。だからこそ、他団体が見落としがちとなる小さな保護区で、かつ重要となるところに出向いて活動を行っている。

小さな保護区だからといって無視をするわけにはいかない。なぜなら、トラにとっては重要な地域であり、将来的にトラが存続していくためには欠かせないエリアなのだ。私たちは、いくつかの小さな保護区を対象にして、小回りをきかせ、痒いところに手が届くようなきめ細かな活動をこれまで行ってきた。

　しかし、できれば保護区を限定し、そこに対して継続的な支援を行う必要があるとも思っていた。言うまでもなく、そこでの保護活動を確実に発展させ、根付かせる必要があるからだ。そこで二〇〇五年、協働パートナーである「インド野生生物トラスト（ＷＴＩ）」の事務局長であるビベック・メノン氏と、改めてこれらの場所を支援することの意義を見つめ直し、継続的プロジェクトの実施に関する同意を得るために、中央インドのマハラシュトラ州にあるナグジラ(Nagzira) とナワゴン (Navegaon) の二つの保護区を訪れることにした（一一二ページの地図参照）。

　この地域を長期的に支援していくことの意義は、二つの保護区の位置関係にある。少し離れたこの保護区の間には、保護対象とはなっていない狭い森がある。この森を通って、トラは二つの保護区を行き来しているのだ。さらに、二つの保護区の北部には欧米や日本から多くの観光客が訪れている「カーナ・トラ保護区」、西に『ジャングル・ブック』の舞台となった「ペンチ・トラ保護区」、南に「インドラバチ・トラ保護区」が広がっており、その中央に「ナグジラ野生生物保護区」と「ナワゴン国立公園」がある。ナグジラ保護区とナワゴン国立公園を結ぶ森を守り、さらにトラがこの大森林地帯を自由に行き来することができれば、将来的にも存続が可能となる。つまり、トラにとっては大切な地域であるということだ。

　ここで長期のプロジェクトを構えるうえにおいて何よりも重要になるのは「人」である。インドは多くの言語が使われている国だが、マハラシュトラ州にあるビダルバ地域のナグジラやナワゴンでは、村人はもちろんレンジャーたちもマラティー語を話している。地域に根を張った活動をするためには、地元の人で、地元をよく知り、信頼できる人物の協力を仰がなければならない。また、地域の保護活動について熱意と知識があるだけではなく、地域の行政やメディアなどとつながっていることが重要になる。

メノン氏の知り合いであるプラフーラ・バンブルカー氏（Prafulla Bhamburkar）は、まさにピッタリの人物であった。彼の父は、ナグジラが野生生物保護区に指定された一九七〇年代に州の森林局で働いていたし、彼自身もWWFで「トラプロジェクト」にかかわっていたという経歴のもち主であった。そこで、バンブルカー氏をその場でリクルートし（すぐに快諾してくれた）、二つの保護区の課題とその解決のために生態学や社会学などの知識をもった人たちと共にチームを結成した。

メノン氏（左）、バンブルカー氏（中央）、著者

二〇〇七年、二つの保護区をつなぐ「コリドー（回廊）プロジェクト」が開始された。二〇〇〇年以降、インドでは保護区外にいるトラの個体数が減少していた。保護区のなかでは守られていても、一歩外に出ると森が減少して村となっているところが多く、家畜以外の獲物となる草食動物が減少している。トラはこの疎林を通って近くの保護区へ移動するので、このコリドーの存在が重要となる。このような状況を鑑み、ＪＴＥＦが開始したこのプロジェクトでは、森に暮らす人たちが森林に負担をかけすぎないように誘導する方法を考えた。

まず、地域調査をするために、地域内とその周辺に暮らす村人から情報収集を行うことにした。その内容は、野生動物との軋轢や、村人の森林資源に対する依存状態などである。とくに、コリドーが細く途切れそうになっているところにある村と、トラの獲物となる動物が頻繁に行き来している場所近くにある村を中心にリストアップし、村人たちの暮らしの詳細、森林への依存度、そして彼らのニーズを詳細に把握して、森林に付加を与えないようにしつつ暮らし

焚き木取り

聞き取り調査

を改善していくプランを立てた。

翌二〇〇八年、モデルとなった村を訪ねたのだが、初めて日本人を見たのだろう、視察に訪れた私たちを物珍しそうに村人たちが見ていた。これから何がはじまるのだろうか……と、子どもを抱いた女性たちが不安そうに、遠巻きにして見ていた。

村の暮らしを改善する牽引役となったのが改良型コンロである。これまでの煮炊きは、土でつくられた囲みの上に鍋を乗せ、ただ薪をくべるだけという原始的なやり方であった。必要とされる薪は、毎日、各世帯が一〇キロもの量を森から取ってくる。それだけ森の木が伐採されているということだが、その伐採した木を頭に乗せて運ぶのは女性の仕事である。言うまでもなく、重労働である。

私たちの配布したコンロは煙突付きのもので、燃料効率がかなりよいものである。これに転換することで日々の伐採量を減少させることを目指した。まず、森が途切れそうになっている二つのモデル地域に住んでいる三〇世帯に設置したところ、排煙による健康被害がなくなったほか、女性や子どもが薪を取りに行く回数が減り、炊

JTEF が配布したコンロ

かつての原始的なコンロ

事にかかる時間も短縮されることになった。まさに「いいことずくめ」で、煮炊きのために取ってくる薪の量は三〇パーセント減少した。もちろん、一日の生活において時間的な余裕も生まれている。

二〇一一年、再び村を訪れた私は驚いた。村の女性や子どもたちが、私たちを見つけるや否や走り寄ってきたのである。みんな目を輝かせて、笑いながら「私の家に来てちょうだい」と口ぐちに言い、「コンロのおかげで時間ができた」とか「咳もしなくなった」などと言いながら、そのコンロを使ってつくられた食事をご馳走してくれた。

コンロのよさを実感した村人たちは、さらに使いやすくする方法を自ら考えたようだ。たとえば、当初はコンクリートでつくっていたコンロを、家の壁にも使っている地元の土でつくるようにしていた。土のほうがひび割れがしにくく、日常の手入れや修理も簡単ということであった。「風が吹けば桶屋が儲かる」ではないが、コンロを提供することで必要以上の森林破壊を防ぐことができ、健康を守り、トラの保護につながっていく。その後、モデルとなった村に住む女性たちは、ほかの村にも改良型コンロを紹介し、使い方のトレーニングも行うという活動を広げていった。支援の成果が実感できる出来事である。

ＷＴＩと共にＪＴＥＦは、実がなる木を村に植えたほか、森林の中から花、実、葉っぱなどの林産物を採取して、それらを加工して現金収入を得るというプロジェクトも開始した。このときには、過剰にならない程度の収穫量や、樹木や林床植生を損なわないような採取の仕方をトレーニングしている。

また、マフーア（Mahua）という花からピクルスやアイスクリーム、タロタ豆からはコーヒー、そしてテンドゥ葉からはタバコをつくるといった方法も伝授している。もちろん、彼女らは販路の開拓や販売テクニックも学んでいる。後日、近くの町で開催された州政府主催の「特産品市」にブースを出したところ、「品質がよい」と評判になったという。女性が中心となって展開されているこの事業、現在もさらに発展を続けている。

二つの保護区が拡大

住民にトラとの共存意識を高めると同時に、姿を隠しながらトラ

特産品の市

マフーアの実を取る

が次の保護区に移動するための道、つまりコリドー（森）が継続的に法律で守られることも重要である。WTIは、このコリドーとして使っている疎林を守る「コリドープロジェクト」をはじめたときから州政府に対して「保護区の拡大」を働きかけてきた。そして、とうとう念願がかない、二〇一二年三月、二つの保護区が周辺の森を組み入れ、二倍に拡張されることが決まった。

さらに、二〇一三年には、これまで「野生生物保護区」と「国立公園」に分類されていた保護区が手厚い保護が受けられるカテゴリーに入った。つまり、インド政府が保護のためとして上級の保護区長を任命し、保護区管理の特別な計画と予算措置を講じる「トラ保護区」に指定されたということである。その三年後となる二〇一六年には、二つの保護区の周辺も、このトラ保護区のバッファーゾーン（緩衝地帯）として指定されている。

国道拡幅計画がもち上がった

「コリドープロジェクト」を開始したときから、緊急に対処しなければならない課題があった。コリドー内を横断する片側一車線の国道53号線（旧6号）の拡幅計画がもち上がっていたのだ（一一一ページの地図と九五ページの写真参照）。

国道53号線は、ムンバイ（Mumbai）―コルカタ（Kolkata）という東西の大港湾都市を結ぶ基幹道路であり、このインフラ整備計画は重要な国家プロジェクトになっていた。すでに東西両方から拡幅工事が進められていたが、ナグジラとナワゴンの間に存在するコリドーでも拡幅がなされ、大量の車が時速一〇〇キロ以上で走るようになれば、トラだけでなく獲物となる動物の移動までが分断されてしまうことになる。

この開発計画に対抗するためには、まずトラの移動を誘引する獲物である動物がコリドーをどのように利用しているかについて調べ、コリドーを確保しなければならない根拠を明らかにする必要があった。

WTIが野生動物の生息状況調査を何回かにわたって実施したところ、全域にトラの獲物が生息しているという結果が出た。この調査結果が、道路拡幅計画の見直しを迫る重要な根拠となった。そして、国道53号線の拡幅工事計画に関して、コリドー内だけは道幅をそのままに残

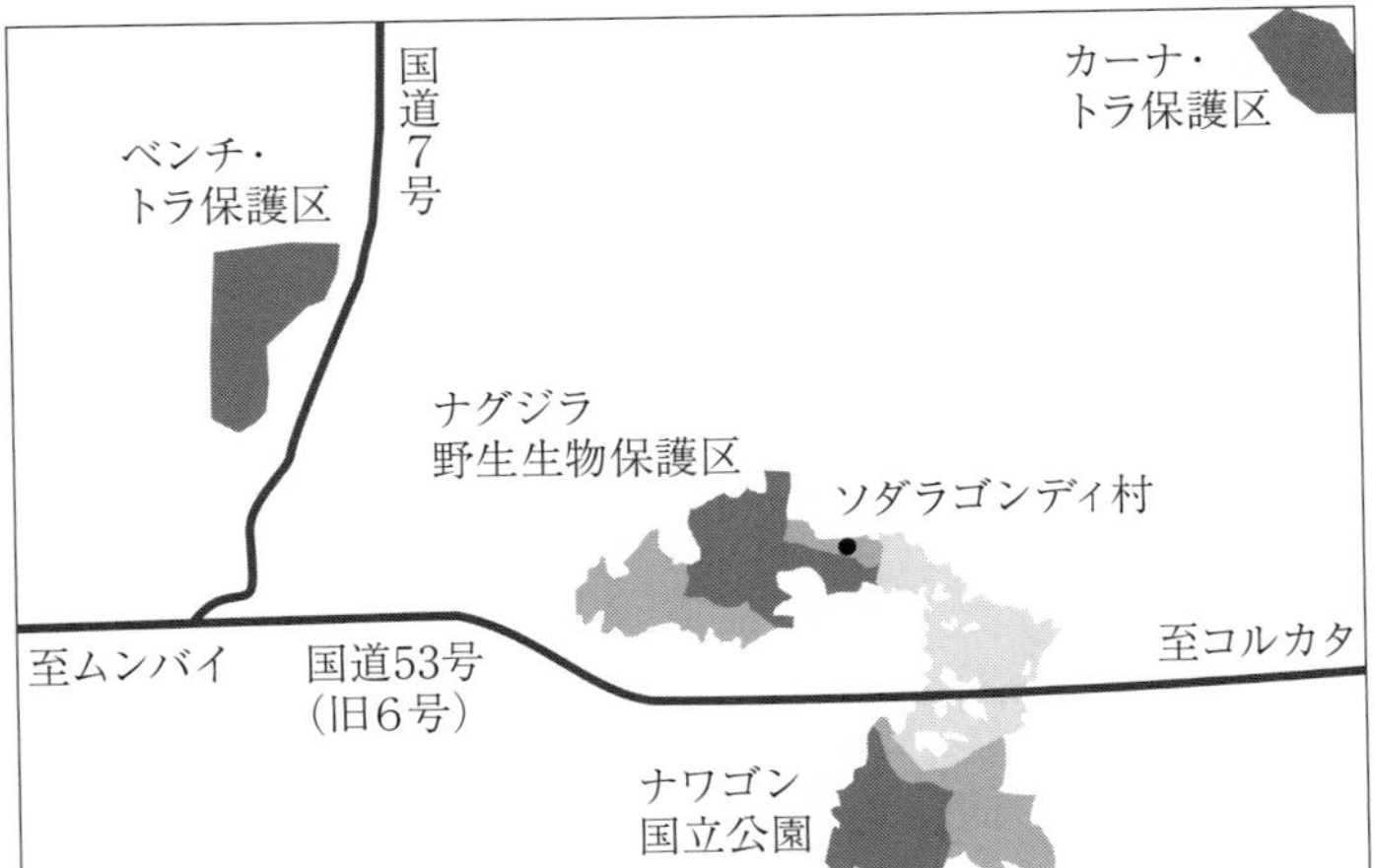

拡大された保護区

す、道路を高架化するなど、トラを含めた多くの動物の行き来を妨げないための措置を盛り込んだ計画に変更することが必要であるという方針をまとめ、インド最高裁判所に対して「工事の差し止め」を求めて提訴した。

しかし、インド最高裁は、諮問機関として専門家グループを組織して現地の調査を進めはしたが、拡幅事業の差し止めを支持することはなかった。国道53号線は南北ともに森林地帯であるため迂回するだけの余地がなく、代替ルートを見いだすことが不可能であったからだ。二大港湾都市をつなぐ横断道路の整備について、その必要性を争うことは現実的に無理である。片側二車線の道路が必要であるとするならば、現行の道路を拡幅するしか方法がないということだ。

そこで焦点は、野生動物に対する悪影響を最小限にするための努力をどれだけ徹底させられるかということになった。

国道拡幅計画の変更

最高裁判所は、すぐさま道路建設を所管する国道局と森林環境省による調整を指示した。その後、「道路の下に動物が移動できる小トンネルを設置すればよい」とする国道局の意見と、「森林帯を通る区間は高架道路にする」と主張する森林環境省の対立が続いた。森林環境省の案は、橋脚で道路をもち上げて、森林の上を走るようにすべきとするものである。

どちらの案にも一長一短がある。しかし、重要なことは、単に開発を優先するのではなく、政府の関係機関が野生動物のことに配慮して真剣に協議しているという事実である。どこかの国のように政府決定を最優先とし、計画を瞬時に進めていくということを行っていない。このような姿勢が、野生動物や自然環境を守ることにつながっていく。また国民もこの経過を長期間にわたって見ていくことになるので、自ずと環境問題に対する理解が深まっていくことになる。

前述したように、二〇一三年にナグジラとナワゴンが、その周辺地域とともに「トラ保護区」に指定され、二〇一六年には両保護区の間にあるコリドー（一二四一・二七平方キロメートル）もトラ保護区のバッファーゾーンに指定されている。今後、このバッファーゾーンではチークの植林が中止され、自然林に戻されていくことになる。このエリアに住む一八六村の人々に対しても、環境に配慮した地域振興への補助金の増額や、エコツアーなどから得られる収入といったことが期待されている。このような動きが後押しとなったのか、インド最高裁判所が見守るなかでの道路局と森林環境省との論争は、四つの高架橋を設置するということで決着した。

とはいえ、現在、高架橋はまだでき上がっていない。しかし、私たちが求めていたコリドー部分の道路は、片側一車線のまま拡幅されておらず、昔の国道のままとなっている。

次の支援先へ

二〇〇五年からはじまり、一二年にわたって続いたナグジラとナワゴン保護区での「トラの森と共存するくらし向上プロジェクト」は、手厚いトラ保護区に指定されるなど住民参加の保全活動として大きな成果を収めた。二〇一六年にインドで開催された「世界トラ保護国際会議」の冒頭で、インド政府が成功例としてこの活動を紹介したほどである。今や、インド政府や国際団体からも重要地域として認知されるようになり、大きな資金も投下されるようになったため、ＪＴＥＦはここを他の団体に任せ、二〇一八年からは同じマハラシュトラ州にある「ティペシュワール保護区」（一二ページの地図参照）で活動をはじめることにした。

ここはトラの個体数も多く、環境も非常によいのに保護区の管理がまったくできていなかったエリアである。二〇一七年から二〇一八年にかけての一五か月で、四四頭の家畜と七人がトラの犠牲になったほか、子連れのトラが殺されたという悲劇を生んだ小さな保護区である。

トラに対しては「怒り」しかない住民。対処療法しかせず、住民と向かい合ってこなかった行政――「トラと共存する」ことの意義が住民に伝わっておれば、また森林局の保護官たちと住民との間に信頼関係が生まれておれば、このような悲劇はなかったはずである。

私たちは、住民と森林局、そして支援するJTEF／WTIとの「信頼関係づくり」からはじめなければならなかった。トラの保護は、その先にあるのだ。

はじまったばかりのティペシュワール保護区でのプロジェクトについては次節で報告させていただくが、二〇一九年七月三〇日、びっくりするようなニュースが飛び込んできた。フランスの通信社「AFP（L'Agence France-Presse）」が報道したその全文を紹介しておこう（数字は漢数字に換えている）。

インド国内に生息する野生のトラの個体数が過去四年間で三〇パーセント以上増え、約三〇〇〇頭まで回復した。絶滅の危機にさらされているインドの野生トラにとって明るい兆しといえそうだ。

インドでは全国の野生トラの生息数に関する最新調査の結果を、四年ごとに発表している。プラカシュ・ジャ

罠にかかったティペシュワール保護区のトラ

バデカル（Prakash Javadekar）環境相によると、二九日に発表された二〇一八年度の調査では、一年三か月にわたって野生トラの生息地に二万六〇〇〇台のカメラを設置し、約三五万枚の画像を撮影。さらにコンピューター解析によって個体を識別したほか、野生動物・森林保護当局の職員らが約三八万平方キロの範囲を調査した。

調査の結果、確認された頭数は四年前の二二二六頭から二九七六頭に増加。これについてナレンドラ・モディ（Narendra Modi）首相は「歴史的な偉業だ」と称賛した。

一九〇〇年には野生のトラは全世界に一〇万頭以上生息していたとみられるが、二〇一〇年には過去最低の三二〇〇頭まで減少。またインドでは、英国から独立した一九四七年には野生トラが約四万頭生息していたとされるが、二〇〇六年には過去最低の一四一一頭まで減少した。

二〇〇六年以降、頭数は着実に増えているが、いまだに約三七〇〇頭と推計された二〇〇二年の水準までは回復していない。ただ専門家らは、インドの野生トラにとって生息数の増加は新たな章の始まりだとし、政府の努力をたたえている。

トラの体の部位は中国の伝統薬市場において高値で取引されており、アジア全域で当局は生息地の減少といった人為的な問題のほか、売買目的の密猟者との闘いにも取り組んでいる。

(c)AFP/Jalees ANDRABI

世界最古（一八三五年設立）にして世界第三位の通信社が、インドに棲息するトラについて報道をしているのだ。日本の新聞では、このＡＦＰの報道が短くネットに流れただけであったが、世界ではこのように注目を集めているということだけは日本の人々にも知ってほしい。確かに、普段都会で暮らす人々にとっては、「動物」といったらペットか動物園の檻の中にいるものでしかないだろう。しかし、これまでに何度も述べてきたように、野生動物の生態系は自然環境に大きな影響を与えているのだ。同じ地球に住む一員として、野生動物のことを考えるような文化が育ってほしいと願っている。

ティペシュワール保護区での活動

インドのモディ首相は、二〇一四年、二二二六頭だったインドのベンガルトラが二〇一八年には三三パーセントも増加して二九六七頭になったと発表し、世界のトラ個体数の七五パーセントを占めていることを示した。つまり、二〇一〇年の「タイガーサミット」で目標値とされた「各国のトラを二〇二二年の寅年までに倍増させる約束」（五一ページ参照）を、インドは四年以内に達成したことになる（二〇〇八年にインド政府が発表した推定生息数は一四一一頭である）。

ＪＴＥＦの活動地のあるマハラシュトラ州も、二〇一四年の一九〇頭から三一二頭に増加したそうで、世界中が驚くビッグニュースとなったわけだが、私はこれを手放しで喜ぶことができない。インド以外の国々ではトラの生息数が減少しているし、インドにおいて個体数が増加しているところは、人間とトラとの軋轢による事故がさらに増えそうなエリアとなっているからだ。

トラのような単独行動をとる肉食獣は一頭一頭が縄張りをもつため、安全に生き延びるためには獲物が十分にいる広い生息地が必要となる。しかし、人口密度が非常に高いインドでは、トラが生息する森はすでに縮小しており、その内外には多くの村が存在している。そのため、急速に増えたトラを養えるだけの森や獲物動物も十分ではなく、保護区外で村の家畜を襲うトラが多くなるほか、村人とのトラブルが増えることになる。事実、ＪＴＥＦの活動エリアでも、トラブル予防と長期的なトラとの共存に関して意欲を高めることが目標となっている。

今後、軋轢防止活動がどの地域においても最重要課題となることが明らかである。前述したように、ＪＴＥＦが支援していたナグジラとナワゴンという二つの保護区では、周辺の森を保護区に組み入れることで拡大することができ、トラと森を守りつつ、村民が豊かで安心な暮らしをするための取り組みを軌道に乗せることができた。これをモデルケースとして、二〇一八年からはじまっているティペシュワール保護区でも結果を出していきたいと考えている。

トラと共存するくらし向上プロジェクト

ティペシュワール保護区は東京都二三区の四分の一にも満たない小さな保護区（一四八・六平方キロメートル）だが、さまざまな植物相が、三〇種の哺乳類、渡り鳥を含む一六〇種の鳥類、二六種の爬虫類、四種の両生類、多種に及ぶ魚類、そして無数の昆虫を支えている。しかし、ＪＴＥＦが活動を開始した前年の二〇一七年から一年あまりで、家畜四四頭と七人がトラの犠牲になった。殺された七名から検出されたトラのＤＮＡを調べたところ五名が同じトラに襲われたと判明し、住民たちの怒りは最高潮に達した。そして、犯人と目された子連れのメストラが捕獲され、殺されてしまった。

ＪＴＥＦとＷＴＩの共同チームは、人とトラの間に生まれる悲惨なトラブルの連鎖を断ち切るべく、対処療法に終始していた森林局と村民との間に信頼関係が築かれ、トラブル解消のために、建設的なアクションを協働して起こせる体制がとられるように働きかけた。

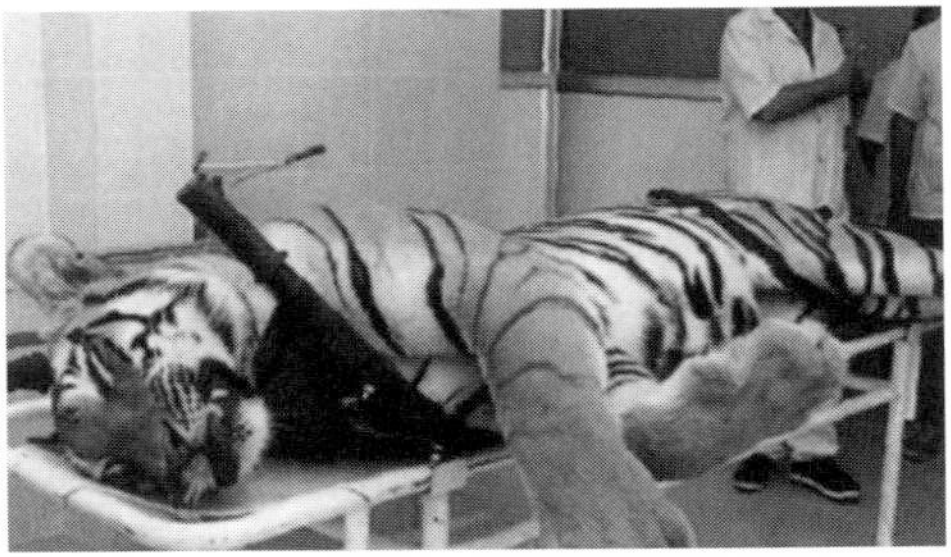

殺されたメストラ

緊急ワークショップ①

住民の怒りを抑えるために、森林局は慌ててハンターを雇ってそのメストラを殺したわけだが、その後、ハンターを雇った手順が法律に則っていなかったこと、そのハンターが銃刀法違反や薬物所持という違反をしていたことが分かり、森林局に対する村人の不信感がさらに高まったほか、多くのメディアが注目することになった。

現地パートナーであるWTIは、森林局には法令を遵守し、慎重に対応するよう求める一方で、森林局によるずさんな対応を確実に防止するべく、メストラ駆除の合法性について最高裁判所の判断を求めた。また、村人向けのワークショップにおいて、トラと共存して生きていくためにも建設的で具体的な行動を起こす必要があることや、村人によるパトロール隊の結成を奨励したり、その実施方法を具体的に伝えている。

ティペシュワール保護区のトラ

森林局がきちんと機能し、村人がトラとの共存を理解していたら、死亡者が七名に上ることはならなかっただろうし、メストラを殺すこともなかったかもしれない。母トラとともにいたメスの子トラは捕獲され、殺されずにペンチ国立公園に移されてモニタリングされていることがせめてもの救いである。

緊急ワークショップ②

二〇一九年五月、ティペシュワール保護区から二〇キロ離れたラムナガル村の周辺で、ゆったりと座っている亜成獣のトラがたびたび目撃されるようになった。村人たちから森林官とWTIチームに連絡が入ったのですぐに駆け付けたが、到着するまでに村人たちがトラに石を投げつけたため、その反撃として村人一人にトラが襲いかかったという。怪我をした村人は直ちに近くの病院で手当てされたが、幸い傷は表皮だけだったので大事には至らなかった。

森林官とWTIチームは、トラブルのあった場所に集まっていた人々を落ち着かせ、これ以上の犠牲者は出さないと保証してから、追跡調査として、このトラの動きを観察することにした。そして、この村の周りにある一二の村で、警察官、村長をはじめとする村の役員、牛飼い、若者たちを対象にしてワークショップを開き、「トラが近くにいるときには家畜を森に連れていってはいけない」とか「トラの姿を目撃した

森林局職員に対するワークショップ

ら、森林局に連絡をして近づかない」など、トラブル防止のために「やるべきこと」と「やってはいけないこと」を確認した。

このワークショップには九〇〇人が参加している。周辺にトラがいる間、学んだ予防対策を取り続けた結果、やがてトラは静かにこの地域から離れ、住民たちは安全に移動できるようになっている。

二〇一九年は、山火事が例年になく数多く発生した年である。この地域では、「テンドゥ」という木の葉でタバコをつくるために村人たちがしばしば森に入り、葉を集めることを目的として林床《りんしょう》（地表面）に火をかけている。これが理由で森林火災がよく発生している。しかし、一部では、動物を密猟するために火災を故意に引き起こしていることも分かってきた。そのような場合、ワークショップで訓練された二〇人の住民自然ガイドが活躍することになるが、この活動は森林局からも称賛されている。

森林火災の消火活動

最新情報として、二〇二〇年の新型コロナが蔓延する前の三月までに二つの大学でワークショップを行い、学生たちにトラとの共存に関して強い関心を引き出すことができたことを報告しておく。

高圧電線によるトラの感電死

最近は、四四〇ボルトの高圧電線が、瞬時に動物を感電死させる手段としてよく利用されるようになっている。イノシシなどから作物を守るために畑の周りを電線で囲うのだが、ナマケグマ、トラなどもその犠牲となっている。さらに、密猟者がこの高圧電線を好んで使うというケースも増えている。

そこで、ＪＴＥＦとＷＴＩは、森林局とスタッフに向けて野外ワークショップを開催す

動物を感電死させる高圧電線に関するワークショップの様子

ることにしたが、そこにマハラシュトラ州電力配電会社（MSEDCL）も参加することになった。その席上、垂れ下がった電線を使って商品価値のある動物を殺す密猟者がいることなどを電力会社も初めて知ることになった。

ティペシュワール保護区外での開催であったが、最前線で働く森林警備員、担当官、日常的に森に入っている労働者、および電機部門の現場スタッフなど、合計一〇七名が参加している。ちなみにこのワークショップは、森林局からも、電力委員会からも、現場で共同パトロールや監視を行う関係機関同士で合意形成を得るのに役立った、と高く評価された。

シャトゥーシュ・ショールの密売とトラ

トラの密猟を撲滅するためには、トラだけを注視していればいいというものではない。前述したように、漢方薬に効くからといって虎骨《ここつ》が闇市場において高値で取引されているのだ。また、価値があると思っている人が多いため、自分たちが捕ってきたものと虎骨を物々交換する人もいる。その交換品が日本と関係があれば、虎骨を買うことをしない日本人であっても、知らず知らずのうちにトラの密猟に手を貸したことになる。

その交換品とは、カシミヤより柔らかいシャトゥーシュである。「キングオブウール」とも言われているもので、人間の毛髪の五～七分の一の細さをもつチベットアンテロープ（チルー）[4]の毛でつくられたショールが流通している。

大判（二メートル×二メートル）のスカーフでも、指輪の穴をスルッと抜けるほど柔らかいために「リングショール」とも呼ばれている。また、ハトの卵をこのショールに包んでおけば孵るとも言われている。

二〇年前には、銀座の高級洋品店で一枚が四〇万円ほどで売られていた。婦人雑誌の表紙を飾るような有名女優が「私の逸品」として紹介するなど、知る人ぞ知る超高級ショールであり、セレブの間でブームになるかもしれないという時期だった。カシミヤのマフラーが一万円で売られている時代に、シャトゥーシュは四〇倍以上の値段がし、刺繍が施されていると八〇万円ほどの値段が付いていたのだ。

一九九九年、私はインドのNGOからの要請を受けて、デ

チベットアンテロープ（チルー）

リーへ飛ぶ飛行機の中にいた。実は、「おとり調査」での協力を依頼されていたのだ。

パンダの保護を最初に世界へ訴えたアメリカの野生生物学者であるジョージ・シャラー（George Beals Schaller）が、一九八五年、チベットアンテロープの毛の取引が理由で個体数が激減していると初めて気付いたのだが、その後、どんどん値段が高騰していった。そして、一九九三年には、シャトゥーシュの商人が「虎骨《ここつ》やトラの毛皮とバーター取引になっている」と自白したほか、「バッグ一つ分の虎骨で、バッグ二つ分のチベットアンテロープの毛と交換できる」と言った商人がいたという。

同年には、カトマンズで五〇〇キロのショールが、また三

（４）偶蹄目ウシ科（学名：*Pantholops hodgsonii*）中国のチベット自治区、青海省、四川省、インドのカシミール地方の東部の標高三七〇〇〜五五〇〇メートルの高原のステップ地域に生息している。ショール一枚に、三〜五頭の毛が必要とされている。

１枚が40万円もしたシャトゥーシュ

〇〇〇キロのチベットアンテロープの毛が押収されていた。言うまでもなく、ワシントン条約ではチベットアンテロープの毛の国際取引は禁止されている。買うのも、売るのも、違法なのだ。

そして、一九九六年、中国が「毎年、二〇〇〇～四〇〇〇頭が密猟されている」と報告している。その狩猟方法も、以前は小さな罠を使っていたものが、シャトゥーシュの需要が高まるにつれて、五〇〇頭ほどいるチベットアンテロープの群れに車で走りながら入り込み、見境なく銃で撃つようになったという。

チベットアンテロープは、標高三〇〇〇～五〇〇〇メートルの「チベット青海国立公園」のなかを移動しながら生息している。メスは移動しながら出産するため、捕獲して繁殖させるというのは無理である。私に依頼をしてきたインドのNGOのボス、アショク・クマール氏（Ashok Kumar）が次のように言っていた。

「今、イギリスのNGOの人もデリーにいて、『おとり調査をやりたい』と言ってるんだけど、日本人がいいんだ。日本人は買い物をするとき、値段は気にするけど、その品物がどんなものか、どういう経路で入ってきているのかについてまったく気にしないから。何といっても、イギリス人はしつこく聞くからね……」

確かに、日本人の消費動向を見ていると「おっしゃるとおり」である。自己反省を踏まえて言えば、日本人が気にしているのは知名度と値段だけで、それも高ければよいものだと信じ、商品

郵便はがき

料金受取人払郵便

新宿北局承認

5974

差出有効期間
2022年3月
31日まで

有効期限が
切れましたら
切手をはって
お出し下さい

169-8790

260

東京都新宿区西早稲田
3—16—28

株式会社 **新評論**
SBC（新評論ブッククラブ）事業部 行

お名前	年齢	SBC会員番号 L 番
ご住所 〒 — TEL		
ご職業 E-maill		
●本書をお求めの書店名（またはよく行く書店名） 書店名		
●新刊案内のご希望	□ ある	□ ない

SBC（新評論ブッククラブ）のご案内
会員は送料無料！各種特典あり！詳細は裏面に

SBC（新評論ブッククラブ） 入会申込書	※✓印をお付け下さい。 → SBCに 入会する□

読者アンケートハガキ

●このたびは新評論の出版物をお買い上げ頂き、ありがとうございました。今後の編集の参考にするために、以下の設問にお答えいたたければ幸いです。ご協力を宜しくお願い致します。

本のタイトル

●この本をお読みになったご意見・ご感想、小社の出版物に対するご意見をお聞かせ下さい
（小社、PR誌「新評論」およびホームページに掲載させて頂く場合もございます。予めご了承ください）

SBC（新評論ブッククラブ）のご案内

会員は送料無料！各種特典あり！お申し込みを！

当クラブ（1999年発足）は**入会金・年会費なし**で、会員の方々に弊社の出版活動内容をご紹介する**月刊 PR 誌「新評論」**を定期的にご送付しております。

入会登録後、弊社商品に添付された**読者アンケートハガキを累計 5 枚**お送りいただくごとに、全商品の中からご希望の本を**1 冊無料進呈**する特典もございます。

ご入会希望の方は小社 HP フォームからお送りいただくか、メール、またはこのハガキにて、お名前、郵便番号、ご住所、電話番号を明記のうえ、弊社宛にお申し込みください。折り返し、SBC 発行の「**入会確認証**」をお送りいたします。

●**購入申込書**（小社刊行物のご注文にご利用下さい。その際書店名を必ずご記入下さい）

書名　冊

書名　冊

●**ご指定の書店名**

書店名　都道府県　市区郡町

がどのようにつくられたのかといったことについては「まったく」と言っていいほど無頓着である。事実、店頭では次のような説明がされていた。

「このシャトゥーシュがこんなに高級なのは、マイナス三〇度もの酷寒の岩山の上で、チベットアンテロープが痒くて首を岩に擦りつけたとき、その岩にくっついた数本の毛を探し集めるから、時間も手間もかかっているので値段が高いのです」

そんな手間をかけるわけがない、と私は一笑に付したが、それを信じる人たちが大勢いたということである。以前、インドで調査をしたときも、店主が私に、「日本大使館の人をはじめ、日本人のお得意さんはたくさんいますよ」と誇らしげに、ニコニコしながら言っていたことを思い出す。

シャトゥーシュはインドでも非常に高価な品物である。一枚二万ルピー（無地・約三万円）から八万ルピー（刺繍付・約一二万円）もの値段が付いている。インドでは、母から娘へ、娘から孫へと継承される家宝の一つとなっている。そんな高級なショールには、カシミール地方でも数少なくなってきた職人の名前が刺繍されている。その刺繍が作者の印であり、シンボルともなっている。

一九九九年当時のインドは、まだ雑多なゴチャゴチャしたところだった。とくにオールドデリーは、今もそうだが、浅草や上野のアメ横をさらにゴチャゴチャにしたような活気ある町であった。細い道の両側に小さな店が所狭しと並び、その狭い歩道に屋台が出ていた。人が多く、買い出し客や観光客を乗せたリキシャーが、ぶつかりそうになりながら走っていた。言うまでもなく、ちょっと大きな車だと入ることができない。

小さな店が並ぶこの通りの入り口近くに立つ建物の二階に、対象となる店があった。暗くて、一人がやっと通れるほどの階段を上ると、左側にさまざまな小さな店が並んでいた。その奥、ウィンドーにラグを飾っている店があった。靴をぬいでマットに上がるようになっている。白髪交じりの大きな男と、もう一人の男がマットに座っていた。

まず、「よいショールを見せて」と言うと、合法で売られている上等なカシミヤのパシュミナを見せてくれた。

「これはパシュミナでしょう。もっといいものが欲しい」と言うと、座っていた大きな男が小声で「シャトゥーシュ？」と尋ねてきた。どうやら、彼が店主らしい。私が頷くのを見ると、隣に座っていた店員が、棚からベージュのショール（無地）をまず一〇枚取り出した。

「ほかの色は？」という私の問いに、「五〇〇ルピーを足せば何色にも染められる」と言う。

「明日、帰らなければならないから時間がない」と店員に伝えると、

「自分には、日本人の顧客が東京と神戸にいる。東京の二人は毎年来て、二〇枚から三〇枚ほどシャトゥーシュを買っていく」

と、店主がきれいな英語で答えた。そこで、次のように尋ねてみた。

「その人たちは店をもっているの？　私も東京で売るので、その人たちがどういうところで、いくらで売っているのか知りたい。これからもここと取引したいから……」

するど店主は、「知らない。私は、あなたのことを知らない。名前も住所も。どうして知る必要があるのか？　私は日本へ品物を送ることはできないが、あなたが持って帰るなら、あなたと何枚でも取引する。問題ない」とピシャリと断られた。

悪事を働く人々は、なるべく相手のことは知らないほうがいいらしい。捕まったとき、知らなければ話さないですむからだ。要するに、売れればいいだけなのだ。

結局、私は、無地のものと刺繍されたものを合計二〇枚注文した。もちろん、値段をチェックした。そして、私と共に行ったNGOのSさんを、「私のお金をインドの銀行で管理しており、信頼できる友達」として店主に紹介し、「私は、明日大使館の人とランチの約束があるので来れないから」と言って、翌日の一二時から一

シャトゥーシュの売人

時の間にSさんが取りに来ると伝えた。ちなみに、二〇枚の合計金額は一万六〇〇〇ドル（約一九二万円。一九九九年三月現在）であった。

店を出てリキシャーに乗る。途中でタクシーに乗り換え、この調査を依頼してきたアショク氏と会って翌日の計画を練ることにした。

アショク氏が、「もし、Sだけが取りに行ったら、先にお金を見せろと言うかもしれない。それに、今から一万六〇〇〇ドルを用意するのは無理だ」と言うので、翌日になったら私が電話をし、「自分でチェックしたいから三時に行く」と言って、私服警官とS、そして私の三人で店に行くことにした。

もし、Sと二人だけで行った場合、Sが何かの理由で店の外に出たときに私が一人になってしまうのが危険だからというのがアショク氏の考えであった。このNGOのボス、今は亡きアショク・クマール氏は、インド警察の野生生物犯罪部署の警部たちとも親しく、これまでに何度もタッグを組んで売人を逮捕している。

翌日、私は店に電話し、打ち合わせどおり「やはり自分でチェックしたいから三時に行く」と伝えた。「時間がないので、三時までにすべて用意しておいて」とも頼んでいる。そして、Sと私服警察官と共に店に入ると、依頼したとおり二〇枚が用意されていた。

「まだ少しお金があるので、もう少し買いたい」と私が言うと、店主が新たに三〇枚ほど出してきた。そのなかには、今年できたばかりというデザインのものが三枚含まれており、その三枚には七万ルピー以上の値段が付いていた。

このとき、外で待機していた警察官が入ってきた。そして、すぐに野生動物部署の警官が一〇人以上ドヤドヤと入ってきて、店主と店員を逮捕した。一瞬の出来事だった。もちろん私は知っていたが、「えっ！　何？　私のショールは？　どうして？　何があったの？」と驚き叫び、ショックを受けた表情で店主を見たが、店主は慌てて身体を硬直させ、真っ青な顔で「あとで、あとで」と私に言うばかりだった。

店主たちが警察署に連れていかれるとき、形式上、私も警官と共に別の車で警察署まで行っている。到着して、「ご苦労さま」とお茶をごちそうになったという「おとり調査」であった。このようなことも、ＪＴＥＦが行っている野生動物の保護活動なのだ。読者のみなさん、信じてもらえるだろうか。

ちなみに、この事件で押収されたショールは九六枚であった。店主はひと晩拘置されただけで、保釈金を支払って出てきている。どういうわけか、店も営業停止にはならなかった。この時代でも、野生生物の違法取引は麻薬、銃と共に「マフィアの三大資金源」と言われていた。それなのに、こんな軽い刑でしかない。組織のトップを捕まえなければ変わらないのかもしれない。

こののちも、このＮＧＯを含めインドのＮＧＯは調査を続け、違反者に勇猛に立ち向かい、大々的にキャンペーンを行った。このような違法行為撲滅のための取り組みを行う一方、JTEFのパートナーであるWTIは、カシミール州で代々シャトゥーシュをつくっていた家族を、刺繡入りという付加価値のついた合法的な「パシュミナづくり」に変更させている。チベットアンテロープの数はかなり減少してしまったが、インドでシャトゥーシュを販売している店はめっきり減っている。

現在、カシミール州では、チベットアンテロープを捕獲して繁殖させ、生計を楽にしたいと言っているが、先にも述べたように、高山に棲んでいるチベットアンテロープは、かぎられた植物を食べ、広範囲を移動するため、人工的な繁殖は不可能である。

虎骨《ここつ》からショールの話になったが、少し視点を変えるだけでさまざまなことが見えてくる。もちろん、私自身も、活動をはじめた当初は視野が狭く、野生動物をめぐる出来事が裏でつながっていることになかなか気付かなかった。しかし、チベットアンテロープの毛で編まれたショールを買うことがトラの密猟に手を貸していることが分かった。こういう例はほかにもあるはずだ。表面上では見えないことに対しても敏感になり、あふれる情報を前にして、「裏でつながっているのでは」と想像をめぐらすことが大事である。それを怠ると、大切な保護活動の課題を見落とすことになるかもしれない。

第

3

章

ゾウの保護活動

作画：田中豊美

野生のゾウとは

ぞうさんぞうさん
おはながながいのね
そうよ
かあさんもながいのよ

日本人であれば、幼いころに誰もが歌っていたであろう童謡『ぞうさん』（まど・みちお作詞／團伊玖磨作曲）の歌い出しである。この歌、めっきり耳にすることがなくなったように感じてしまうが、単に歌われている環境に足を向けていないからだろうか。いや、小さな子どもたちが二〇一九年のレコード大賞曲である『パプリカ』（米津玄師の作詞・作曲）を歌っているのは耳にするから、どうやら本当に歌われる機会が少なくなっているのかもしれない。ゾウの保護活動をしている私としては、寂しいかぎりである。

さて、日本人とゾウの関係はかなり古くからある。ご存じのように、ユーラシア大陸と日本列島が陸続きであったころ、日本にはナウマンゾウが生きており、石器時代には獲物とされていた。

日本では約二万年前に絶滅したとされているが、その骨はのちの時代も珍重され、奈良・東大寺正倉院にもナウマンゾウの臼歯が竜骨として保管されている。

時代がぐっと下り、一五世紀初頭、室町時代の若狭国小浜に生きているゾウが初来日をしている。当時の将軍である足利義持（一三八六～一四二八）への献上品とされている。そして、一六世紀後半には大友宗麟や豊臣秀吉に献上されたほか、一六〇二年にはトラやクジャクとともにゾウが徳川家康に献上されている。

徳川将軍とゾウといえば、八代将軍徳川吉宗（一六八四～一七五一）について触れたくなる。一七生きたゾウを見たいと思った吉宗は、ベトナムから二頭（オス・メス）のゾウを運ばせた。一七二八年、長崎に来日したゾウは、陸路江戸に向かって運ばれていくことになったが、上陸後三か月でメスは長崎で亡くなり、オスのみが長崎街道、山陽道、東海道を歩いて江戸に向かった。

その途中、京都での出来事が面白い。第１章（五二ページ）でも少し触れたが、何と中御門《なかみかど》天皇の上覧があったのだ。上覧には位階が必要なため、このゾウには「広南従四位白象」という位と名前が与えられた。この当時、絵師の伊藤若冲《じゃくちゅう》（一七一六～一八〇〇）は一二歳であった。若冲は一七九五年に「象鯨図屏風」（滋賀県・MIHO MUSEUM蔵）という大胆な構図の作品を描いているが、年齢からして、このときのゾウを見ていた可能性がある。

江戸に着いたゾウを、吉宗は江戸城の大広間から見たという。その後、浜御殿（現・浜離宮公園）で飼育されることになったが、飼料代がかかりすぎるという理由で、一七四一年、現在の東京都中野区の農民（源助）に払い下げられた。

源助は象小屋を建てて飼育したが、翌年の一二月にゾウは病死している。病死したあと、皮は幕府に献上され、牙一対が源助に与えられた。この牙と頭骨が宝仙寺（中野区中央二丁目）に納められ供養されたと言われているが、一九四五年の戦禍で一部を残して焼失してしまった。

このように、長きにわたって日本で愛されてきたゾウだが、トラと同じく絶滅の危機に瀕している。その第一の理由が、日本人と深い関係のある象牙を取り巻く問題である。ＪＴＥＦでは、「ゾウ保護基金」を立ち上げて保護活動に勤しんでいる。本章では、その様子を紹介していきたい。まずはその前に、ゾウの生態などについておさらいをしておこう。

中野区に残る象小屋跡

ゾウの分類と形態

現在、地球上にはアジアゾウ（*Elephas maximus*）とアフリカゾウ（*Loxodonta africana*）の二種が生息している。ちなみに、アフリカ中央部の熱帯林に生息するマルミミゾウ（*Loxodonata africana cyclotis*）は、アフリカゾウの亜種（別種とするほどではないが相当の変異が見られる、種の地域的グループ）とされているが、「別種に分類されるべきだ」と主張する研究者もいる。

アフリカゾウは地上最大の動物で、体長（鼻先から尾の付け根）が四〜五・五メートル、全高（地面から肩まで）が三〜四メートル、重さは五〜七トンにも及ぶ。一方、アジアゾウはそれよりもひと回り小さいサイズとなっている。

背中が山のように丸く盛り上がっていて耳が小さいのがアジアゾウで、背中が谷のように引っ込んでいて、耳が大きく、アフリカ大陸のような形をしているのがアフリカゾウと覚えておけば動物園などで間違うことはない。

アフリカゾウの耳（撮影：田中光常）

雄のアジアゾウ（撮影：戸川幸夫）

ゾウの生態

ゾウは完全な草食で、毎日大量の草や枝葉を食べて暮らしている。こうした食べものを求めるため、日常的に、さらに季節的に、かなりの範囲を移動している。行く先々で、食べた植物の種子をフンとして残していく。消化力があまりよくないため、フンには草木の種子が残り、行く先々の土地でそれが発芽し、森の再生につながっている。ゾウにしか食べられない堅い木の実でも、ゾウのおかげで違う場所で発芽することも可能ということだ。

　また、ゾウの群れは木の皮をはいで食べ、木の幹を倒すことがしばしばあるが、そうすることで森に光が入って下草が育ち、森林と草地がモザイクとなった植生をつくり出している。ゾウの森林を草地に変える力は強大で、これが生態系の自然なプロセスとなっている。

　鬱蒼とした森林をゾウの群れが繰り返し歩くことで「ゾウ道」ができ、ほかの野生動物たちがこれを利用する。また、

水辺に集まるゾウの群れ（撮影：吉野信）

乾季に水を掘り当てるのもゾウの役目となっている。ゾウの日常的な暮らしが独特な生態系をつくり上げ、さまざまな生きものの暮らしを支えていることになる。

ゾウの社会

寿命が六〇歳以上というゾウは、群れで暮らす高度に社会的な動物である。群れで暮らすということは、コミュニケーション能力が必要となる。実は、動物学者の研究において、視覚（鼻や耳や体全体を使った身振り）、聴覚（大人のゾウが発する呼びかけを二六種に分類した研究がある）、触覚（鼻同士をからめたり、鼻を体にはわせたり、口元にもっていったりする）、臭覚（蹄《ひづめ》の間から化学物質を分泌する）によって複雑なコミュニケーションをしていることが確認されている。

その群れは母子を中心とする家族群となっており、出産を終えた娘たち、孫たちという構成がよく見られる。母親、お

鼻をからませる２頭（撮影：吉野信）

ばあさん、叔母さんはもちろん、五歳以上のメスゾウがみんなで子ゾウの面倒を見ている。群れのリーダーは、言うまでもなくおばあさんだ。孫たちに危険が迫ると、子ゾウを群れで囲み込み、みんなで群れを守っている。

このようなゾウの社会を知ると、動物園のゾウが少し可哀想に思えてくる。もちろん、頭脳が発達しているゾウのことだから、愛情深い飼育員たちとの交流を日々楽しんでいるだろう。しかし、今述べたようなゾウ本来の生き方はできない。少なくとも、このようなことを知ってから動物園には行っていただきたい。

一方、オスたちはというと、一二〜一五歳くらいの時期に群れから独立し、同じ年頃のオス同士で群れることが多いが、やがて単独で暮らすことになる。

ゾウの分布と個体数

かつて、アジアの南側全域にアジアゾウが分布し、アフリカのサハラ砂漠以南全域にアフリカゾウが広く分布し繁栄していた。ところが、今日の分布図を見ると、中央アフリカ、東アフリカ、南アフリカの一部を除くと、ポトポトと落とした「インクの染み」のような状況になってしまっている。

アフリカゾウもアジアゾウも、本来の生息地である森林や草地が水田やプランテーションなど

今日の分布図

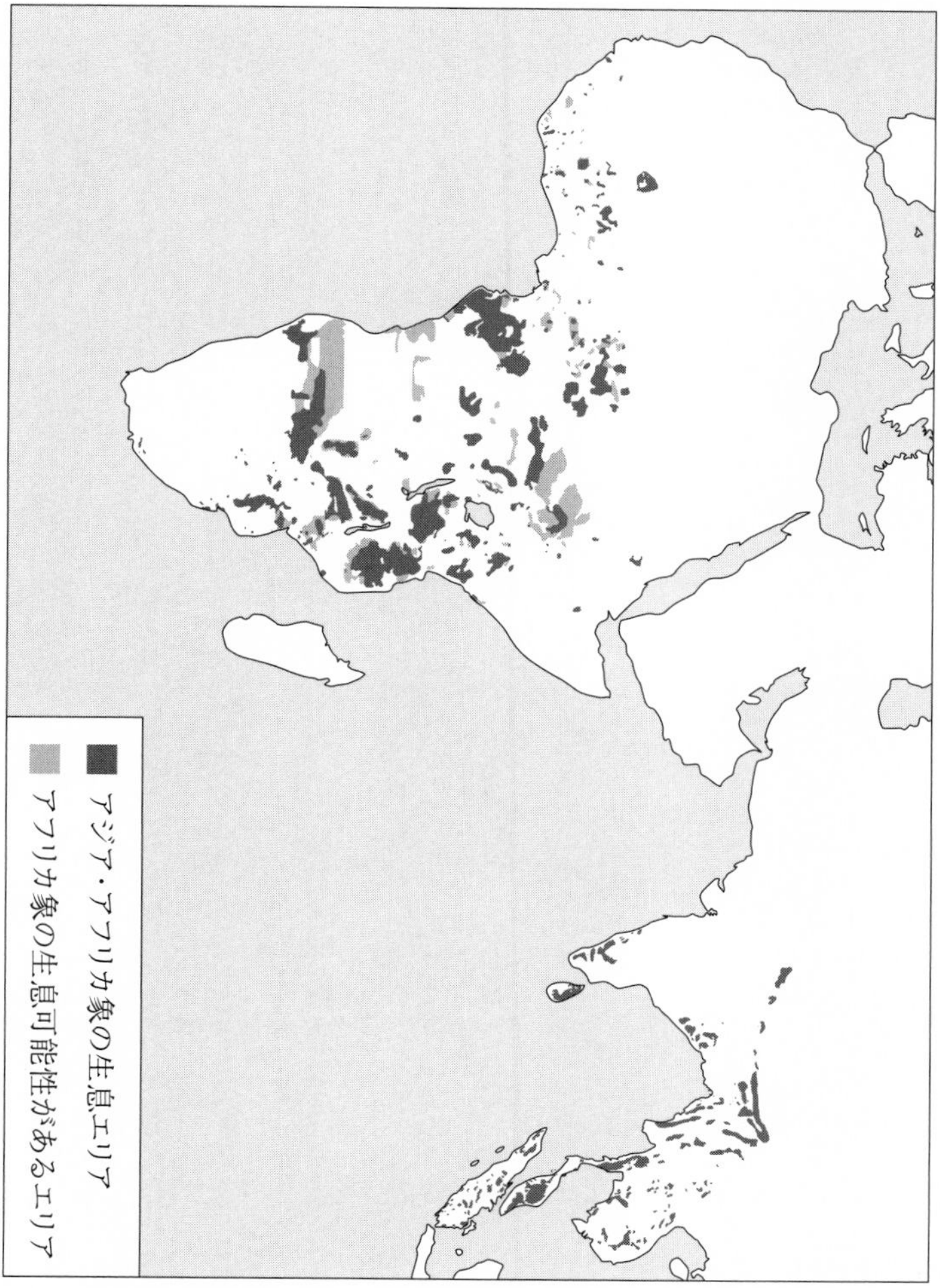

出典：IUCN(International Union for Conservation of Nature) 2008

の農地、村、そして金属や石炭の採鉱場に変貌してしまったほか、道路や鉄道、パイプラインなどによってズタズタに分断されてしまっているのだ。その結果、ゾウが生息できる場所とそうでない場所とがパッチワークのような状態になっている。

インドにおけるゾウの生息地に至っては、一九六〇年代以降、七〇パーセントものエリアが失われた状態となっており、アジアゾウの個体数は、アジアの一三か国に約四万七〇〇〇頭が生息しているのみである。

一方、アフリカゾウは、一九世紀にはじまったヨーロッパ諸国によるアフリカの植民地化以前は二〇〇〇万頭もいたが、現在は三六か国（絶滅したのちに再導入が行われたスワジランドを含めると三七か国）に約四一万五〇〇〇頭しかおらず、かつての二パーセントでしかない。

生息地の減少、分断化以外に、象牙目的の密猟がいまだに横行している。そのため、絶滅のおそれのある野生生物を選定する「レッドリスト」（国際自然保護連合作成）では、アジアゾウは「絶滅のおそれが非常に高い」とされる種のランク（EN：Endangered）に、アフリカゾウは「絶滅のおそれが高い」とされる種のランク（VU：Vulnerable）に選定されている。そして今、ゾウの個体数はさらに減少を続けているため、ＪＴＥＦはゾウの保護活動にも力を入れている。まずは、象牙をめぐる世界の動きについて詳しく述べていくことにする。

象牙と日本――ワシントン条約締約国会議

一九九七年、今から二〇年以上も前のことなのに、このときのことをはっきりと覚えている。ワシントン条約締約国会議が開かれていたジンバブエの国際会議場で、日本政府の代表団がガッツポーズをし、ジンバブエの政府代表団が高らかに歓喜の叫びを上げたことを。

ワシントン条約では、種の絶滅を防ぐために、取引に制限が必要とされる野生動植物を三区分に分類し、危機のレベルに応じた規制をかけている。アフリカゾウは一九七〇年代後半から一九八〇年代に密猟が激化したため、一九八九年に「国際取引原則禁止の附属書Ⅰ」に掲載され、一九九〇年代から象牙の国際間取引が禁止となっていた。

しかし、このワシントン条約締約国会議において、ボツワナ、ナミビア、ジンバブエの南部アフリカ三か国に生息しているアフリカゾウの個体群に関して、輸出国が許可すれば取引ができる「附属書Ⅱ」に戻されたのだ。そして、条件付きながら、南部アフリカ三か国から五〇トンの象牙が日本に輸出されることが決まった。実は、このときのワシントン条約締約国会議に、私は初めてオブザーバー参加をしている。

アフリカゾウの象牙取引に関する歴史を振り返ってみたい。象牙のもつ魅力は、日本や中国ばかりでなく欧米をはじめとして世界中の人を虜にしてきた。一六世紀以降、アフリカにやって来たアラブ商人やヨーロッパ人が象牙の交易で利益を得ていたという歴史もある。象牙がアフリカの奴隷と共に取引されることも多かったのだ。

その後、欧米列強の植民地政策が強化され、アフリカゾウは欧米人の狩猟対象となり、その戦利品（トロフィー）として象牙がステータスをもつようになった。日本では一六世紀に象牙加工がはじまっていたが、それが産業化したのは明治時代である。象牙でつくられた根付《ねつけ》をはじめとして、さまざまな象牙彫刻が西洋の収集家の間で人気を博し、輸出用の工芸品としての地位を確立していった。

しかし、象牙の圧倒的な大量輸入をもたらしたのは、象牙目的の密猟が盛んになった一九七〇年代から一九八〇年代である。当時、輸入された象牙の八割前後が、「長寿のゾウは幸運を呼ぶ」と言われてハンコ製造のために消費されていた。これが、ゾウの壊滅的な密猟をあおることになった。

一九七九年から一九八八年までの間、正規に輸入した未加工の象牙は約二七二七トンである。この量は、同期間にアフリカ大陸から輸出した量（七一五六トン）の約四〇パーセントに当たり、一二万頭前後のアフリカゾウに相当する量となる。まさに、象牙を目的としてアフリカ大陸でゾウが大量殺戮された時期に重なる。

大量となる象牙の国際取引とアフリカから寄せられるゾウの大規模殺戮ニュースが重なり、ワシントン条約の事務局が専門家に実態把握を求めたところ、一九七九年から一九八八年の間に、一三四万頭生息していたアフリカゾウが六二・五万頭にまで半減していたことが判明した。このままではゾウは絶滅してしまう、と世界中が危機感をもったなか、一九八九年に第七回ワシントン条約締約国会議が開かれ、ゾウに関するすべての国際取引が禁止されたわけである。それから一〇年も経たない一九九七年の会議で、一回限定とはいえ、日本のみへの象牙輸出が決まってしまったのだ。

この会議の冒頭、三七年間にわたって政権の座に就いていたジンバブエのムカベ大統領（一九二四～二〇一九）は、「ゾウが守られるべきものならば、その身を売った対価でその保護費用としなければならない」と演説した。この発言を現場で聞いた私は、日本のなかでやるべきアフリカゾウの保護活動は、象牙が売れない／買えないようにすることだ、と確信した。

草木を食べながら一日に三〇～四〇キロを平気で移動するゾウの群れに必要とされる広大なエリアには、数知れぬ生きものが織りなす世界が息づいており、未来に向かって進化を続けている。その営みそのものが、私たち人間の未来を開いてくれるのだ。しかし、日本と南部アフリカ諸国が勝ち取った象牙取引の再開によって、アフリカゾウの未来、ひいては私たち人間の未来にも暗雲が立ち込めることになった。

日本における象牙と密猟

アフリカゾウの密猟が激化したためにワシントン条約で国際取引が禁止となった年、その背景にあった消費国の存在を思い出すと、現在はまさに「悪夢の再来」と言える。象牙消費国の主役は日本から中国に移っていったが、二〇〇六年頃から密猟が増大しはじめ、二〇一〇年頃には年間二〜三万頭ものアフリカゾウが殺されるようになっていた。日本でも、二〇〇六年に大阪南港で約三万トンの密輸象牙が押収されている。この量は一三〇頭分に匹敵する。

そして、二〇一三年になると、象牙を目的としたアフリカゾウの密猟が激化していることが国際的にも知られるようになり、密猟の深刻さがデータではっきりと示されるようになった。さらに二〇一六年、「国際自然保護連合（ＩＵＣＮ）」は、密猟が激化した二〇〇六年から二〇一五年までの九年間に一一万一〇〇〇頭が減少し、個体数は四一万五〇〇〇頭に落ち込んだという報告書を公表した。

この報告の一年前、オバマ大統領（当時）と中国の習近平国家主席が話し合い、「象牙を使っている国に象牙の国内市場を閉鎖させる」という合意が得られていた。そして二〇一六年、第一七回ワシントン条約締約国会議で、九年にわたって検討してきた象牙の国際取引に関する手順書を検討するという議案審議はこれ以上進めないこととし、「密猟または違法取引の原因となる」すべての国における国内象牙市場を、「何らかの狭い例外」を除いて「緊急に」閉鎖するための改正案を全会一致で採択した。ゾウの保護活動を行っている世界のＮＧＯが歓喜したのは言うまでもない。

この年の末、早くも中国がアメリカに続いて市場閉鎖を実施している。一方、日本政府の反応はというと、決議採択直後、山本公一環境大臣が次のように回答している。

「国内市場は違法取引もしくは密猟による国内市場だとは思っておりませんし、当然そういうことはありません」

環境大臣の回答とは思えない内容だが、市場閉鎖決議は日本には当てはまらないというのが日本政府の見解である。

日本政府は、象牙市場維持を掲げて突き進んだ。二〇一六年に設置した「適正な象牙取引の推進に関する官民協議会」をベースにして、日本政府と業界、そしてＮＧＯも象牙市場維持で一致していることを内外に訴えたのだ。この協議会には、世界最大の環境保護団

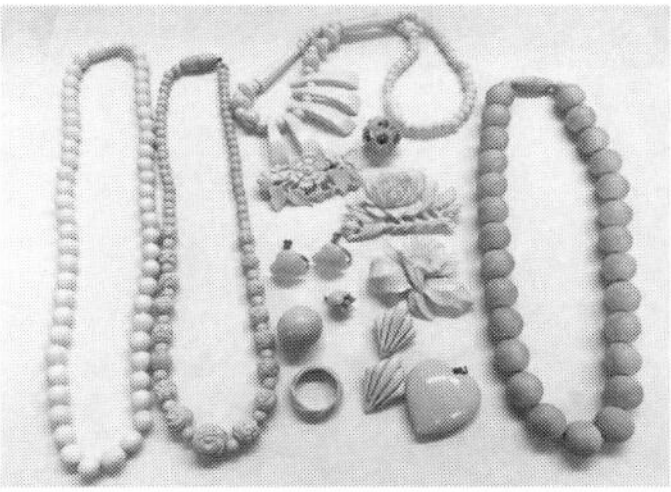

象牙のアクセサリー

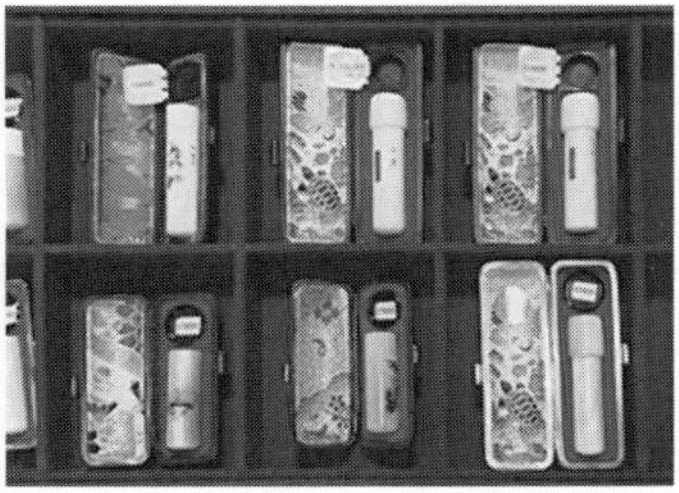

象牙の印鑑

体である「世界自然保護基金（ＷＷＦ）」の日本法人（野生生物保全部門を構成する「トラフィック・ジャパン」）も加わっていた。当初はＷＷＦも、日本の象牙市場は閉鎖すべきとは言えない、という立場であった。

ＪＴＥＦはＷＷＦへの説得にかなりの力を入れた。そして、二〇一七年一二月、ＷＷＦは新たな独自の調査報告を発表すると共に、「日本の象牙市場は閉鎖すべき」と方針転換することを明らかにしたのである。自然保護団体の一致団結は、国際的にも国内的にも大きな力となる。

一方、民間企業においても、二〇一六年一〇月に「楽天」が象牙販売禁止に踏み切り、「官民協議会」を脱退していた。このように、世界の中での「孤立」を選んだ日本政府が演出しようとした官民一体にはほころびが生じはじめ、国内においてさえも「政府と象牙業界の孤立」という状況が露わになってきた。

密輸された象牙（2006年）

市場閉鎖に向けて

二〇一八年には、香港、イギリス、台湾、シンガポールが相次いで市場閉鎖に着手しはじめた。世界の象牙市場閉鎖に向けた動きは加速するばかりである。ＪＴＥＦは、この世界的な動きに合わせて、海外のＮＧＯと協力して日本の象牙市場や違法取引の調査を行い、その結果に基づいて象牙市場の閉鎖提言を日本政府にぶつけたほか、二〇一九年八月にジュネーブで開催された「第一八回ワシントン条約締約国会議」の場で、日本に市場閉鎖を遵守させるよう関連国や関係機関への働きかけを強化していった。また、日本でもっともポピュラーな象牙製品であるハンコ業界の団体に対しては、象牙を取り扱わないように申し入れている。もちろん、こうした活動やそこで得られた情報と成果をマスメディアに対して精力的に発信した。

ＪＴＥＦを含め、内外のＮＧＯ活動の効果があったのだろう。大手のスーパーマーケットである「イオン」、オンライン小売業の大手である「楽天」に続いて「メルカリ」が、さらにこれまでは強硬な姿勢をとっていた「ヤフー」も二〇一九年一一月から象牙販売を禁止した。このように、民間企業は日本政府に先んじる形で、国際的な流れを見ながら独自に象牙販売をやめるという営業方針を加速させている。

第一八回ワシントン条約締約国会議の模様

二〇一九年八月、ジュネーブで開かれた「第一八回ワシントン条約締約国会議」の模様を少し詳しく紹介しておこう。象牙市場閉鎖を決議した前回の会議に続き、今後、閉鎖の実施を加速させられるかどうかがポイントとなった。

この会議では、南部アフリカ諸国を除くアフリカゾウの生息国三二か国が、前回の会議で採択された決議文にある「密猟または違法取引の一因となる」という文言を削除すると提案した。これは、違法な国際取引との関連性を問わずに「国内取引を禁止する」ということを主張するものである。アフリカゾウの激しい密猟と日々闘っているアフリカ諸国は、「密猟または違法取引の一因となっていないから決議の対象ではない」と日本政府が開き直っているのを見て、これを放置しては条約決議が「骨抜き」になるという危機感をもったのだ。

しかし、この提案に対して、「ワシントン条約は国際取引を規制する条約なのだから、国内市場閉鎖を求めることはワシントン条約の対象外である」と、ボツワナ、ナミビア、南アフリカ、ジンバブエの南部アフリカや、タイ、カンボジア、チリが反対した。もちろん、日本も猛然と「条約の範囲を超えている」と反対している。

この反対意見に対して、「象牙市場が開かれているかぎり象牙のためにゾウは殺され続ける」とアフリカ諸国が意見を述べ、イスラエルも「自国の市場を二〇二一年までに閉鎖する。国内市場は、すべて違法取引に何らかのかかわりがある」と明言した。

このあとアメリカが発言し、解決法として「国内象牙市場閉鎖決議の内容は現行どおりとする」一方、いまだ市場閉鎖しない国に対しては、象牙市場が「密猟または違法取引の一因とならないことを保証するような対策が取られているかどうかについて報告させる」ことを提案した。この提案の意図は、市場を閉鎖しようとしない国に対して、「自国が象牙の違法取引に関係ない、と言えるだけの措置が取られていることを証明してみせろ」ということである。

この発言に、日本と共に非閉鎖国として名指しされていたEU（ヨーロッパ連合）も支持を表明している。さらにEUは、「すでにEUの各国内市場は、規制を強化するプロセスに入っている」と、閉鎖に向けて調整中であることを明らかにしている。つまり、この時点で、国内市場を閉鎖しようとしない問題国は、事実上、日本一国になったということである。

その後も、各国の意見を聞きながら議長は、カナダがアメリカ提案に付け加えて提案した「ワシントン条約の対象

第18回ワシントン条約締約国会議の会議場

とする範囲および権能と整合する」という文言を入れて、全会一致で採択されることになった。これにより、日本はもはや「閉鎖決議は日本には当てはまらない」と言い放っているだけではすまなくなった。

二〇二〇年九月現在、国内の象牙市場を閉鎖すると宣言、または実行している国は、アメリカ、中国、台湾、香港、シンガポール、フランス、イギリス、イスラエル、EU、オーストラリア、ニュージーランドとなっている。ほとんどが大きい象牙市場を開いている国々だ。実は、閉鎖宣言をしているオーストラリアの象牙市場はそれほど大きくない。しかし、オーストラリア政府は、次のようにはっきりと述べている。

「自国は小さい市場だが、違法に利用される『裏口』をなくすために閉鎖する」

これに対して、「世界最大市場」の日本政府（外務省、環境省、経済産業省）は、「新規には何もやる予定なし」と、市場閉鎖を求めるために海外から来日したNGO「EIA」（次項参照）に対して答えている（二〇一九年一一月）。

この対応の違い、「呆れる」としか言いようがない。地球の環境を憂《うれ》う国際社会から続々と批判されても、居直るかのように象牙業界の保護に日本政府は徹している。象牙の圧倒的な需要は、ハンコの原材料としてのものである。しかし、ハンコの素材は象牙以外にいくらでもあるし、ハンコそのものの重要性に対しても多くの人が疑問をもつようになっている。すでにハンコから電子サインの時代になっていることは、新型コロナが蔓延するなかにおいてますます実感されている。日本政府と象牙業界は、「意地になっている」としか私には思えない。

私はこれまで、自分の考えに固執せず、地球規模で考えるために、「誰でも間違うことはある。間違いに気付いたらその場でやり直し、真剣に取り組むことが大事」と子どもたちに教えてきた。しかし、日本のリーダーたちがこんな「お粗末な例」を見せつけている。多くの子どもたちが、「日本は世界から取り残されるのではないだろうか」と不安に思うことだろう。

海外のＮＧＯの勢い――環境調査エージェンシー「ＥＩＡ」による象牙調査

ＥＩＡ（Environmental Investigation Agency U.S.）は、秘密調査を導入して世界中の環境犯罪を暴いている非営利組織である。二五年以上の実績があり、この世界のパイオニアとなっている。このＥＩＡが、アフリカゾウを守るために第一にすべきことは日本の国内市場を閉鎖することだと考え、二〇一五年からＪＴＥＦと共同事業を開始することにした。

ＥＩＡの代表であるアラン・ソーントン氏（Allan Thonton）は国際ＮＧＯ「グリーンピース」の創設者であり、日本でも翻訳されている『アフリカゾウを救え』（デイヴ・カリー共著／内田昌之訳、草思社、一九九三年）の著者の一人である。アフリカゾウを密猟から救うためには象牙取引を禁止するしかないと考え、実際に世界を動かし、それを実現させたという調査活動の一部始終を描いたこの本は世界各国で翻訳され、多くのＮＧＯのバイブルとなっている。このような彼が、日本の象牙市場を閉鎖することがゾウを守るための最重要課題だと考えたのだ。

ＪＴＥＦは、日本に違法象牙が出回っている一番の理由として、一九九二年に制定されたワシントン条約関連の国内法である「種の保存法」に不備があると指摘してきた。日本では、まるまる一本の象牙は、象牙取引禁止の発効時以前（一九九〇年）に輸入されたもの、または日本国内で取得されたものにかぎって登録され、販売できるとなっている。しかし、一本の丸ごと象牙（ホール・タスクという）をいくつかにカットしたものには登録義務がないのだ。つまり、カットされたものが密輸品と知らずに日本国内に入ってしまえば、たとえ違法なものでも販売できるということである。

さらに、そのホール・タスクの登録を受けるために必要とされる取得の証明（象牙取引禁止以前）についても、「第三者の文言のみでよい」となっている。その第三者は隣人でもいいし、家族でもよいとなっている。要するに、「昭和のころに家の応接間に飾ってありました」という家族のひと言で登録が受けられるということだ。たとえ密輸で手に入れた象牙であったとしても、「以前から家にありました」とさえ言えばいいだけなのだ。このような状況で「証明」と言えるのだろうか。

二〇一五年、ＥＩＡとＪＴＥＦは、象牙取引業者に対する調査を実施した。ホームページにおいてホール・タスクの買い取りを案内している象牙業者を選んで「登録票がない象牙一本を買ってくれないか」と依頼し、無登録の象牙をどのくらいの業者が買うのかという調査である。

調査員は、二〇〇〇年頃に亡くなった父の遺品である象牙の売り先を探している一般市民を装って業者に接触した。結果は全体の八〇パーセントに当たる業者が、「登録票が必要なので取らなければならないが、本当のことを書くことはできない」など、違法となる可能性の高い助言やサービスを調査員にもちかけたり、「無登録のままで買う」と答えてきた。法律遵守の対応を示した業者は、全体の二〇パーセントに満たなかった。

この結果から、ＥＩＡはとくに悪質な業者を訪問し、「無登録象牙のほうが安いし、違法で

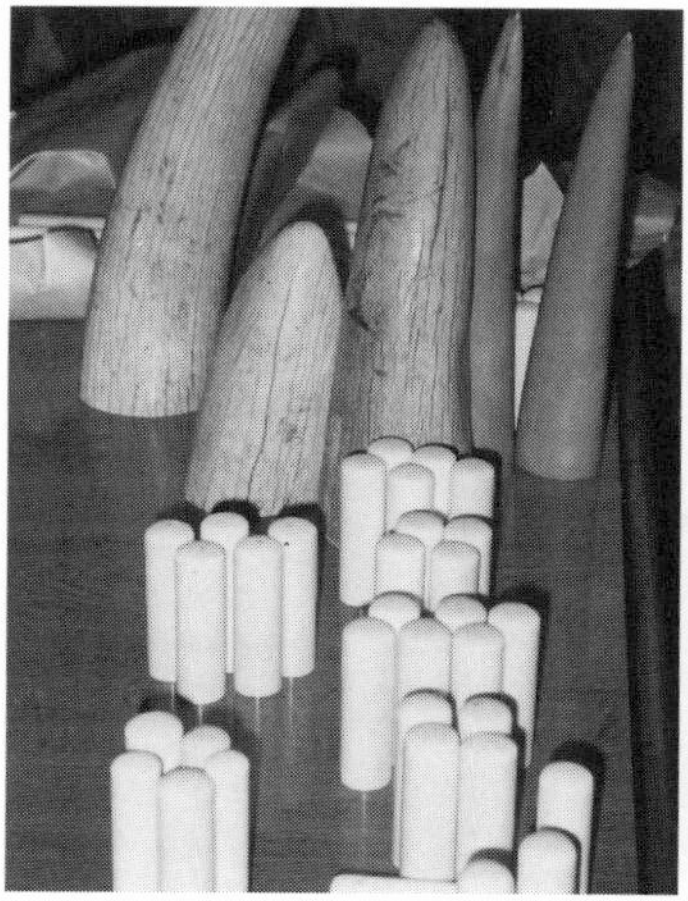

象牙のカットピース（先端部分）と製造されたハンコ

アラン・ソーントン氏の記者会見

もOK。買いますよ」などと発言している人物を隠しカメラで撮影した。さらに調査員が、象牙の登録を取り扱う「一般財団法人自然環境研究センター」(環境省の外郭団体)に「年代ははっきりしないが、平成になってから家にある象牙を登録したい」と連絡したところ、自然環境研究センターの担当者は丁寧に、「年代は昭和と書いて」とか「誰に何を言われても、昭和のものだと言い切ってしまって」などと、不正に登録する方法を助言してきた。

この結果をワシントン条約常設委員会でEIAが発表したところ、多くの新聞に記事が掲載され、警察が動いたことで書類送検された者も現れた。そのなかには、有罪を認めて罰金を支払った象牙業者の中心人物もいた。

日本政府は、二〇一九年七月にやっと登録制度の運用に手を加えることになった。登録申請者に対して、象牙の年代測定結果を提出するように求めるものである。ようやく「家族の一筆だけではダメ」となったわけだが、何年に取られた象牙かを測定するためには、その技術をもっている調査会社に六~九万円も支払って依頼する必要がある。しかし、この年代測定にも大きな抜け穴がある。測定結果の報告は書面で審査されるだけなので、登録申請者が調査会社に測定を依頼した象牙と、登録しようとしている象牙が同じものであるかどうかを確かめることができないのだ。日本政府のいつものやり方だが、厳しい規制の効果が見込めない「対策」をバラバラともち出す行為は、市場閉鎖までの時間稼ぎをしているとしか思えない。

東京都象牙取引規制に関する有識者会議

二〇二〇年一月一〇日、小池百合子東京都知事が、東京都における象牙取引規制を検討するための有識者会議を開催すると発表した。この動きの背景には、多くの諸外国から「日本の象牙市場が密猟などを誘発する可能性」や「日本から海外への違法輸出が複数報告されている」という指摘があった。そこで、「日本の合法象牙市場は、密猟や違法取引の一因となっていない」という日本政府の立場とは関係なく、東京都は独自に調査・検討を行って必要な対策を取るということになったわけである。

この会議の開催を聞いたとき、最初は喜びよりも不安のほうが大きかった。というのも、これまで象牙問題に関する有識者会議といえば、政府の考えと同じである御用学者や象牙業界の人がメンバーとなっていたからだ。しかし、幸いにも、この会議にはほぼニュートラルな人たちが有識者として選ばれていた。

海外のＮＧＯからは、象牙問題を二〇年以上も追いかけて熟知している坂元弁護士（ＪＴＥＦ事務局長）がなぜ選ばれなかったのか、と問題視する声が多く聞かれたが、坂元と対極にある象牙業界のアドバイザーでもあり、政府の立場を代弁する「有識者」と呼ばれている学者の参加もなかったので、「ある意味ホッとした」というのが私の偽らざる思いである。

この会議では、東京オリンピック・パラリンピックの開催を契機に一層増加するであろう外国人観光客が、合法的に売られている象牙を買って母国へ持ち帰ってしまうことに関する報告を五月に取りまとめることが目指されていたが、新型コロナウイルスの蔓延が理由でオリンピック・パラリンピックの開催が延期となり、有識者会議も延期となった。

そもそも小池都知事を動かすきっかけとなったのは、日本の象牙市場閉鎖を求めてJTEFと共に活動しているEIAをはじめとして、海外のNGOから拍手喝采を受けたニューヨークのビル・デブラシオ（Bill de Blasio）市長が小池都知事宛に送った手紙であったと思われる（二〇一九年五月）。

ニューヨーク州は、象牙製品の販売を禁止しているアメリカの九つの州の一つである。ニューヨーク市は、二〇一五年にタイムズ・スクエアで、二〇一七年にはセントラル・パークで、押収象牙の粉砕処分を行っている。一方の日本は、中国が象牙取引を禁止した二〇一八年のあとも世界最大となった象牙市場が継続されており、両者は対照をなしている。

親愛なる小池東京都知事

数百万の人々が東京を来訪するに際し、厳格な象牙規制のある国々からも多数の来日があります。これらの旅行者は、自国へ持ち帰るお土産にしようと、知らずに象牙の違法取引に手を染めてしまうかもしれません。

デブラシオ市長のメッセージは、共に国際都市としてゾウを守り、より良い未来へ進もうというものだった。

日本のハンコ店では、「海外への持ち出しはできない」という張り紙をしているところもあるようだが、それが効果的なのかどうかについては疑問である。というのも、二〇一八年三月末から五月にかけてＥＩＡとＪＴＥＦが三大都市圏のハンコ店三一七店舗を対象にして、「象牙印を海外に持ち出したい」という顧客への対応を調査したところ、取り扱いが確認された三〇三店舗のうち、海外への持ち出しを違法と知りながら販売しようとした店が二四パーセント（七三店舗）、また違法であることを知らずに販売しようとした店が三四パーセント（一〇二店舗）に達していたからだ。ちなみに、販売を拒否した店は四二パーセントであった。

明らかに外国人観光客と分かる場合は、いくら高く売れるとしても販売しないという確固たる姿勢を見せることが本来の正義だろう。今、世界が日本をどのように見ているのかに

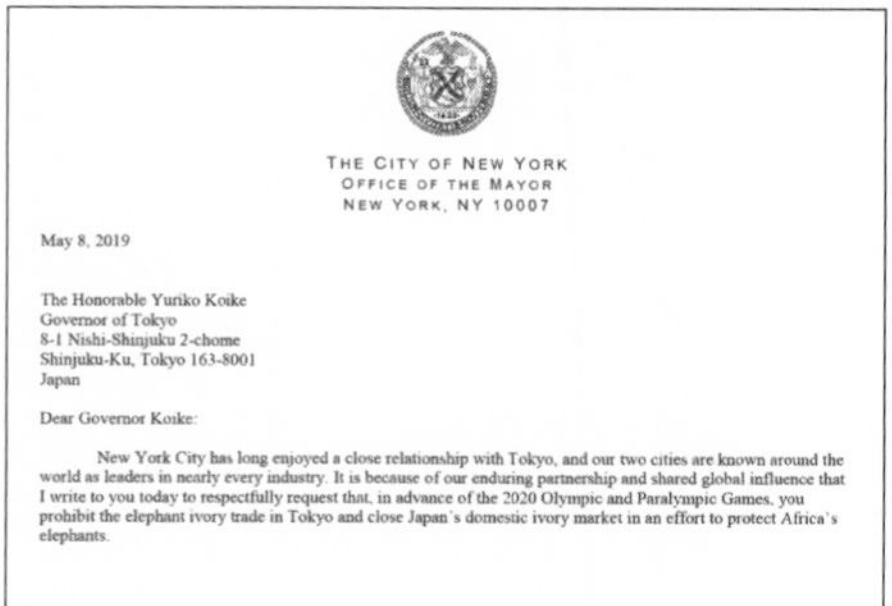

THE CITY OF NEW YORK
OFFICE OF THE MAYOR
NEW YORK, NY 10007

May 8, 2019

The Honorable Yuriko Koike
Governor of Tokyo
8-1 Nishi-Shinjuku 2-chome
Shinjuku-Ku, Tokyo 163-8001
Japan

Dear Governor Koike:

New York City has long enjoyed a close relationship with Tokyo, and our two cities are known around the world as leaders in nearly every industry. It is because of our enduring partnership and shared global influence that I write to you today to respectfully request that, in advance of the 2020 Olympic and Paralympic Games, you prohibit the elephant ivory trade in Tokyo and close Japan's domestic ivory market in an effort to protect Africa's elephants.

ニューヨーク市長からの手紙

ついて、日本政府は真剣に考える必要がある。

日本での象牙取引調査の経験が長いＥＩＡの上級政策アナリストであるエイミー・ゼツ・クローク氏（Amy Zets Croke）が、次のようなコメントを発表している。

「日本の象牙取引は、アメリカ、中国、その他の国における象牙需要を刺激し、各国で実施されている国内象牙取引禁止の効果を削ぐという恐れがあります。アフリカゾウ保護に対する責任を真に果たすために、日本は国内における象牙市場を閉鎖しなければなりません」


新型コロナの蔓延で有識者会議が中断してから二か月後の二〇二〇年三月、内外の環境保護団体および野生生物保護団体（三〇団体）が、第一回有識者会議を開いた小池都知事に対して称賛の書簡を送った。その後、「ウィズコロナ」の定着を見越し、六月にはＪＴＥＦ、アメリカのＥＩＡなどの団体から有識者会議の再開を求めている。さらに八月一二日の「世界ゾウの日」には、この会議を進展させるよう、アフリカからは「アフリカゾウ連合（ＡＥＣ）」、「セーブ・ジ・エレファント（ＳＴＥ）」が、アメリカからは「アメリカ魚類野生生物局（ＵＳＦＷＳ）」の元局長が会長を務める「動物園水族館協会（ＡＺＡ）」が助言と要望書を送っている。小池都知事と有識者会議に求められるのは、国の政策に妥協せず、「国際都市 TOKYO」としてのプライドをもって、都内における象牙市場閉鎖という方針を明らかに示すことである。

日本にある未加工象牙の八〇パーセントはハンコとして消費されている。私たちがいつも述べていることだが、象牙は決して伝統的な印材ではないのだ。生きたゾウを守るためとなれば、「ハンコの素材は象牙でなければならない」と考える人はそういないだろう。大勢の外国人が訪れる東京、小池都知事が有識者会議を開催したことの意義は計り知れなく大きい。今後の、小池都知事の手腕に期待したい。

インド象牙を売り込むという覆面調査——大阪ブローカーの話

少し前の話だが、二〇〇二年の夏の終わり、私はインドのNGOと共に象牙調査のために台湾へと向かった。象牙の国際取引は一九九〇年から全面禁止となっていたが、昭和四〇年代後半、日本において象牙のハンコブームが起こったとき、日本だけでは足りず台湾に刻印を依頼していたことがある。そのときにかかわっていた人が台湾で印鑑づくりをしており、台湾と日本の取引がまだ存在しているのではないかと思って調査のために向かったのだ。現にその当時、香港、日本、台湾間での密輸事件が発覚していた。

象牙のハンコには、アフリカゾウの牙よりもきめの細かい「ハード材」と呼ばれているアジアゾウの牙が適しているといわれているため、私はアジアゾウの牙を売りに来たインド人の通訳という役割で調査を開始することにした。インドの映像制作会社が「ＷＴＩ」の代表であるビベック・メノン氏（二五ページ参照）に彼のノンフィクション映像を制作したいと話をもちかけていたので、それに合わせた調査であった。アジア象牙の密売に関して、台湾や日本の人がどのような反応をするのかを撮影するというもので、制作会社は隠しカメラを使っていた。

台湾では、数人のバイヤーと接触できたものの、大量の印材を日本に送る業者とめぐり合うことができなかった。そのため、日本における象牙印鑑業者の街である山梨県甲府市で映像を撮ろうということになり、日本に戻ることにした。

甲府市で、アジアゾウの牙を買ってもらえないかと、まず大手の印鑑製造業者に連絡をしてみた。すると、数軒目の業者が「違法だから自分は買えないけど、買いたい人を紹介する」と言って、その人の携帯番号を教えてくれた。すぐさまそこに電話をかけてみると、「まず、売りたいと言っているアジア象牙の重さと量をファックスしてほしい。それから会いましょう」という返事であった。携帯電話の主は大阪市在住であった。

山梨のホテルから彼へファックスをすると、すぐに私の携帯電話に連絡が入り、翌日、ＪＲ新大阪駅の構内で会うことになった。希少なものにもかかわらず、こちらが提案したアジア象牙の値段がかなり安かったので、すぐに飛びついてきたのだ。

新大阪駅のホームで会ったのは二人で、彼らと共に構内にある喫茶店に向かった。私の前を歩く小柄な男は肩を右に左と揺らしながらガニ股で歩き、もう一人は体の大きいチンピラ風の男であった。

喫茶店に入ると、連れの男は私たちの席近くのテーブルに陣取り、じっと私たちの話を聞いていた。私とビベック氏、そして白いターバンに隠しカメラを仕込んだ制作会社のスタッフ（シーク教徒）が、小柄な男と一つのテーブルを囲んだ。念のために言うが、私はアジア象牙を売りに来た売人の通訳という設定である。まず、男が口を開いた。

「ヤバイのは分かってるんでしょう？　どういうふうにやります？」

もちろん、詳細をここで語ることはできないが、男はアジア象牙一トンを買いたいと言う。そして、「その密輸象牙をどうやって日本に入れるかはじっくり考えて……」と言いながら、うまくいきそうないくつかのヒントを話していた。

その後、「象牙に関心があるのはハンコ屋のみ」だとか、買い手となる印鑑製造業者には「絶対に迷惑をかけられない」、「二〇〇〇万～三〇〇〇万円は象牙屋さんならすぐ出せる」、「今回の話にも数社が飛びついてきた」、「振り込みとかはしない。現金で払うが、それも直接手渡しするのはダメだ。近くにいて、お金を置いていくからすぐにそれを取ってくれ」など、ポンポンと話が進んでいった。ちなみに、私たちを怪しむ様子はまったくなかった。

インドから直接ではなく、フィリピンを通して日本に入れるのはどうかと聞くと、「フィリピンは今、偽ブランド品で税関が目をつけているから難しい」と言ったあと、「今、象牙の密輸が見つかって一人捕まっているが、ワシントン条約締約国会議の直前なので（二〇〇二年一一月開催）警察も発表していない。実行は、ワシントン条約締約国会議が終了したあとの一二月にしよう」と言ってきた。

このようなブローカーを通して密輸品が日本国内に入り、欲しがっている人のところに届いているのだ。日本では、警察がおとり調査で犯罪者を逮捕することができない。もちろん、このときも実際に象牙を持ってきたわけではなく、前段階の話をしているだけだから、この男がかつて密輸をやり、今またやろうとしても、その象牙を押さえないかぎり法的に罰することはできない。結局、さまざまなことが分かったにもかかわらず、私たちは何もできないということである。

しかし、二〇〇六年には、大阪で二・六トンもの象牙（アフリカゾウ）の密輸事件が発覚している。韓国・釜山から来た船荷が陸揚げされたとき、カットされた象牙と日本のハンコ用に形づくられた印材が「石材」という名目で輸入されたのが見つかったのだ。かかわっていたのは、偽ブランドを扱っていた韓国籍のブローカーであった。

私が新大阪駅であった男はこの事件に関与していなかったが、朝日新聞大阪本社の記者がこの男に連絡を取って取材を試み、一〇月二五日、「象牙密輸、外国組織関与か」という見出しのもと記事が掲載されている。「あのときは騙された」と、その男は二〇〇二年のおとり調査でのことを記者に語ったそうだ。このおとり調査の様子はワシントン条約締約国会議の席上でレポートにして配布するなど公表しているのだが、驚くことにこの男は、四年が経っていたのに携帯電話の番号を替えていなかった。この男が、「日本の警察は、野生動物犯罪なんて本気で捕まえないから」と言っていたことを思い出す。

インドでは、一三五ページで紹介したシャトゥーシュ・ショールでのおとり調査以外にも、象牙はもちろん、虎骨《ここつ》やウランまで扱うという大物マフィアに接したことがある。インドのNGO「WTI」は、長年にわたってアショク・クマール氏（一三八ページ参照）を中心にこのマフィアにも狙いを定めており、日本から象牙のバイヤーとして私が来るという設定であった。

マフィアのボスは、小柄でおとなしそうで、穏やかな人だった。このボスにも、大男が用心棒のようについていた。人前ではタバコも吸わない、お酒も飲まないというこのボスは、「お酒を飲むときは妻と二人だけのとき、ドアにカギをかけて飲む」と言っていた。そして、ごく普通に、「弟が一人殺して、今、刑務所に入っている」と話していた。

私が泊っているホテルの隣室には私服の警察官も泊まっている。ホテルから出てアショク氏と打ち合わせをするときは、マフィアと連絡を取り続けているNGOの人と一緒に、後をつけられないように何度もタクシーを乗り換えて目的地に向かっている。

その後、数日間はボスが多忙だということで会えない日が続いた。あとから聞いた話だが、この間に用心棒の男がお金のことでボスに盾突いたらしく、解雇されていたという。これと関係があるのか、私が外から帰ってきて部屋に入ると電話が鳴り、出ると切れるという無言電話が数日続いた。あの用心棒が何度か留守中に電話をし、私の帰りを確かめていたのかもしれない。

そこで、大金を持ってきている私を狙っているのかもしれないと考えたアショク氏が、急用で彼女は日本に帰ったということにして、私をWPSIのベリンダ・ライト氏（七ページ参照）の自宅に避難させ、身を守ってくれることになった。結局、このときはマフィアとの話は成立せず、その後も引き続きWTIは連絡を取り続けているという。

参考までに補足すると、WPSIは、行方をくらましている大きい組織の野生生物犯罪グループを追っていた。たまたま私がシャトゥーシュ関連の店に電話をしたとき、オーナーが不在だったため店員に、「お金はいくら出してもいいからシャトゥーシュが欲しい」（一三七ページの写真参照）と言ったら、その店員は「自分では分からないから」と言って、オーナーの居場所である電話番号を教えてくれた。そこにかけてみると、「誰からこの電話番号を聞いた⁉」と電話に出るなりオーナーが声を荒げ、大慌ての様子だった。私が「店の人から」と話すと、「ないない、シャトゥーシュはない！」と言ってすぐに電話を切ってしまった。

このことをベリンダ氏に話すと、なんとその電話番号はかつて野生生物犯罪組織のアジトとして使われていた番号であった。しばらくの間はもぬけの殻だったが、探していた大きな組織のグループが戻ってきていたということが判明することにつながった。

このように、インドにおいてもおとり調査で怖い経験をしたが、なにがしかの結果を出すことにつながっている。しかし、大阪の象牙事件では収穫ゼロだった。それだけに悔しかった。日本国内では合法的に象牙販売ができるから、象牙を売る場所があるから、当然密輸品も入ってくる。つまり、ゾウが殺されているということだ。絶対に、国内市場を閉鎖しなければならない。

インドにおけるアジアゾウの保護——体に似合わず繊細なゾウ

前述したように、アフリカゾウに比べて体も耳の大きさもずっと小さなアジアゾウだが、それでもオスの体重は五トンもある。陸上で最大の哺乳類であるが意外と繊細である。第1章（五三ページ）で紹介したが、動物園の飼育員が「注射などといった刺す刺激は嫌がる」と言ったことを思い出してほしい。ゾウの皮膚は見るからに分厚くしっかりしているが、実は針のようにとがったものに引っかかると非常に嫌がるし、事実痛いらしい。私たちはこのような特徴を保護活動にうまく利用している。

本章の冒頭で記したように、ゾウは母系集団で、広範囲にわたって移動するという生活をしている。年老いた知恵のあるリーダーのメスゾウは「けもの道」を知り尽くしており、日照りが続く干ばつのときなど、どこに行って土を掘れば地下水が湧き出てくるのかを知っていて、群れを飢えさせないようにしてきた。

しかし、人がゾウの生息地にまで浸食してくるようになった。とくにインドのような人口の多い国では、「ゾウ道」として使っていた森を開墾して畑をつくり、そこに定住しはじめた人びとが村を形成してしまうというケースが多くなっている。

ゾウたちは移動途中に今までなかった畑や田んぼに困惑するだろうが、おいしそうな作物がなっている季節などはそれを食べ、その味を覚えてしまう。すると、人との間でトラブルが発生する。ゾウに踏まれた報復として、人がゾウを殺すという事件まで発生してしまうことになる。

そこで私たちは、村人がつくった畑の周囲に電気柵を設けることにした。日本で使われている

繊細なゾウ（写真はインドゾウ）

ようなしっかりした電気柵だと現地の人たちが修繕することができないし、モンスーンなどが多いところではすぐに倒壊してしまうので、簡単に修理できるものにした。

しかし、ゾウは力があるし、頭がよい動物なので、電気柵に何度かあたって痛い思いをしても、その後は電気柵をひっくり返すなどして作物を狙うようになってしまう。そこで考えついたのが、棘のある柑橘類を電気柵の外側にぐるりと植えるという方法であった。この活動経過などについて少し説明していこう。

電気柵の設置

二〇〇九年から二〇一九年までの一〇年間、ＪＴＥＦは北東インドのアッサム州に住む先住民族によって自治が行われている「カルビ・アングロン自治県」でゾウの保護活動を行ってきた。隣接するカジランガ国立公園を含む森林一帯には、約二〇〇〇頭のゾウが季節移動をしながら暮らしている。面積一万平方キロメートルのうち八割（北海道くらいの面積）が森林というこの自治県は、

設置された電気柵

南インドに次いで「ゾウの楽園」と言われているところである。

この地域の問題は、村民とゾウとのトラブルだった。そこで、侵入を防止するために電気柵を九つの村の水田に設置することにした。延長距離は七キロとなる。電気柵の効果は想像以上となり、ゾウによる被害が激減したことで耕作面積が増え、村民は非常に喜んだ。しかし、二〇一一年には、電気柵の支柱を蹴飛ばしてフェンスを越え、水田に侵入するというオスゾウが一頭現れた。その足跡の特徴から、「以前、村人数名を踏んで死亡させたゾウではないか」と村人たちが話題にしはじめた。

この事態に対処しようと地域住民で会議を開き、とくに夜間はゾウとの出会いがしらに注意するように呼びかけると共に、電気柵の監視を試みることにした。すると、ゾウが水田に入らなくなり、休耕していた田んぼで安心して耕作ができるようになった。その結果、三〇～四〇パーセン

ゾウの楽園カルビ・アングロン自治県

アッサム州の位置

トも収穫量が増加したという。

その後、電気柵の電線と電池が老朽化したために交換することになったが、その際、電池を二基の太陽電池とし、村人からなる「電気柵管理委員会」に指名された管理者の自宅にそれが設置された。この管理者には、受益村民から毎月徴収されている維持費を利用して、委員会が報酬を支払っている。これにより、二〇一二年には死者数がゼロになった。

この電気柵は、モンスーンなどで壊れてしまったあとでも、村人たちが簡単に修繕できるようにつくられている。さらに二〇一四年には、水田地帯にある太陽電池付き電気柵の周囲に、さらなる侵入防止策を加える目的で棘のある柑橘類の苗が一〇〇〇本植栽された。これで、皮膚に棘が刺さるのを嫌がってゾウは侵入しないはずだ。ところが、モンスーン季に発生した豪雨のために水が周囲に溜まってしまい、多くの苗が枯れてしまった。そこで、水はけをよくするために水路を掘り、三年間のモニタリングを決めた。その後は順調に苗が育ち、村人たちは果実を販売できるまでになっている。

列車事故

この地域では、ゾウの列車事故も問題となっていた。五トンもあるゾウが列車と衝突するのだ。過去一〇年間に列車事故でゾウが一〇頭死んでいるが、そのなかでもカルビ・アングロン自治県の事故がもっとも多かった。

線路の右手奥にゾウの生息地であるダンシリ国有林があり、そこから線路までの間にキャベツやトウモロコシの畑が広がっている。国有林から出てきて畑の作物を食べるために線路上に来るのだが、急カーブになっているために運転手には見えにくく、発見した時点ではブレーキが間に合わないのだ。片側が急斜面になっているうえに反対側にも広いスペースがない。二〇〇九年には、逃げることができなかったゾウが二キロほど引きずられてズタズタになってしまったという。

ＷＴＩは鉄道省にゾウが現れる場所での減速を求め、速度を落とすことを運転手にレクチャーしたほか、道路わきの草を刈り取り、「ゾウ注意」の看板を設置するといった対策を取っている。

線路脇に設置された注意書き

お米を送る

ＪＴＥＦとＷＴＩは、ゾウとのトラブルで被害を受けた農家への「お見舞い」としてお米を贈っている。二〇一八年一月にも、水稲被害を受けた世帯、家屋などを壊された一一四世帯に対し、五・七二五キロのお米を贈った。これは金銭補償ではなく、ゾウ被害に対する事後的支援の一環である。被害の予防を強化するということを前提としており、お見舞いを贈ることで「ゾウとの共存」という意思がゆるぎないものになっていくことを期待している。

ほかにも、住民のゾウとの共存への意識を高めるためにコミュニティー活動を支援している。その一例が、学校のグラウンドで行われた「サッカー大会　Elephant cup」である。伝統的な祭りとは別に、地域の若者に向けた新しいイベントである。ゾウと共存するこの村の重要性を参加者に理解してもらうために、入賞チームにはゾウのモチーフが付いたトロフィーが贈られた。

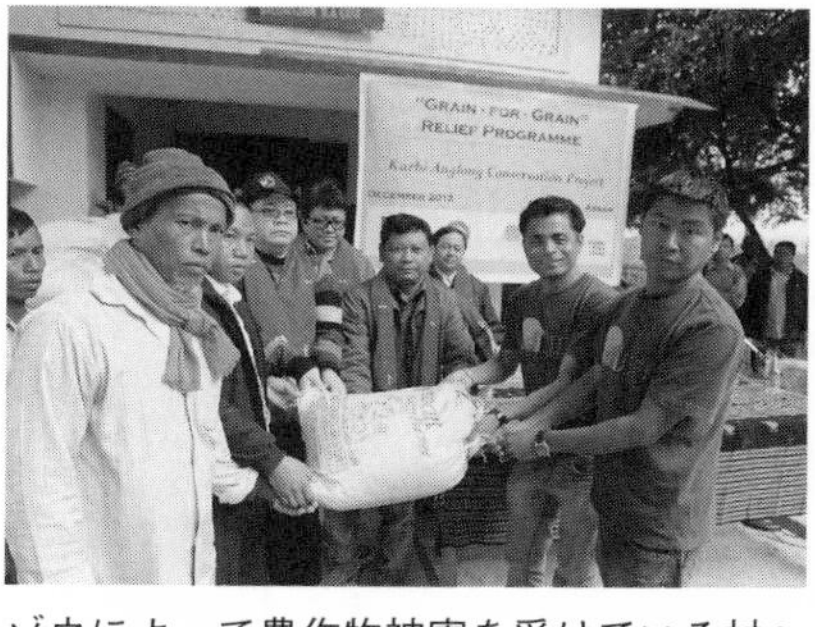

ゾウによって農作物被害を受けている村へお米を贈る

移動獣医プロジェクト――「モバイル獣医」による疾病動物の救護活動

ＷＴＩの獣医スタッフは、負傷した野生動物がいるという通報があると、ジープタイプの救急車ですぐさま駆けつける。その場で診断・治療し、生息地に返すということが原則となっているが、家族の群や親とはぐれてしまったり、ケガの程度が重い場合などは、二〇一四年に開設された「レスキューセンター」（コラム参照）に収容されることになる。ここは、カジランガ国立公園のそばに位置しており、WTIとアッサム州森林局によって運営されている。

二〇一二年四月～二〇一三年八月において、救護にあたった動物で一番多かったのは、ゾウ（六頭）、スローロリス（六頭）メンフクロウ（六頭）で、そのほかインドサイ、フーロックテナガザル、ベンガルヤマネコなどの中・大型哺乳類の救護が目立った。救護された動物の五六・二パーセントは手当をしたのちに野生に放たれ、三四・四パーセントの動物が、残念ながら助けることができずに死亡している。ちなみに、二〇一七年四月～二〇一八年三月におけるレスキュー実績は次のとおりである。

・哺乳類一五件、爬虫類九件の総計二四件
・哺乳類六種――アジアゾウ、ツキノワグマ、ホエジカ、ビントロング、インドオオムササビ、スローロリス
・爬虫類六種――シログチアオハブ、ガンジススッポン、インドガラガラヘビ、ナンダ、インドハコスッポン、ビルマニシキヘビ、ベンガルオオトカゲ
・二四件のうち一五件は野生に戻され、六件は死亡。救護にあたったアジアゾウ四頭（新生児二頭、乳児二頭）はすべて死亡。残りの三頭は、施設内で飼育下にある（うち二頭は、他州のクマ・リハビリテーション・センターでリハビリ中）

コラム

レスキューセンター（Center for Wildlife Rehabilitation and Conservation：CWRC）での救護活動

赤ちゃんゾウのレスキュー

2014年12月、村人がいつものように薪採りのために森に入ると、赤ちゃんゾウの泣き叫ぶ声が聞こえた。声のほうに駆けつけると、小さなゾウが狭くて深い岩場の溝に落ちて、はまり込んでいた。すぐさま州森林局のレンジャーと村人でゾウを引き上げた。外傷はなかったが脚をひきずっており、脱水症状も見られたので獣医が治療を行ったが、群れに返すことはできなかった。

そこで、「レスキューセンター」に収容されている３頭の子ゾウと暮らすことになったが、適切なタイミングで、新たな野生の生息地へ返される予定となっている。

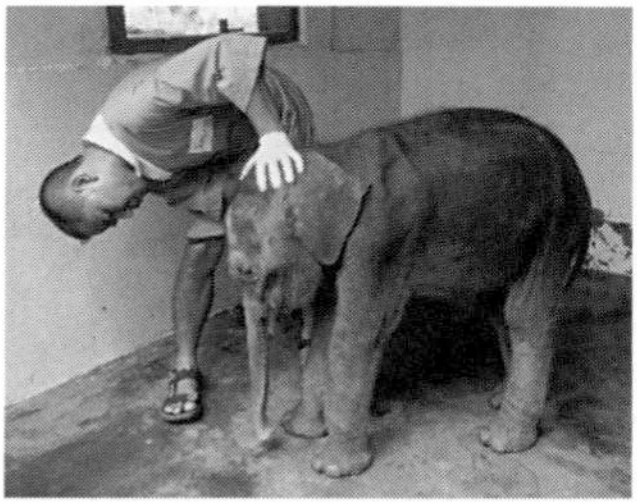

ゾウのレスキュー

レオパードキャットの赤ちゃんは無事母ネコのもとへ

１匹でうろついているレオパードキャット（ベンガルヤマネコの亜種）の赤ちゃんが、村人が住む家の裏庭で保護された。WTI の獣医は、赤ちゃんにミルクを飲ませて体力をつけさせることにした。

その間、ほかのスタッフが近くの森を探索したところ巣穴を発見した。そこに赤ちゃんネコを置いて観察を続けたところ、無事に母ネコがやって来て赤ちゃんネコを連れていった。

これら「モバイル獣医プログラム」によるレスキュー活動は、一頭一頭の動物を保護するだけにとどまっていない。村人たちにレスキュー活動を実際見てもらい、WTIのスタッフと交流してもらうといったことを通して、野生動物に対する配慮の気持ちや共存ということに対する意識を高めてもらうといった狙いも含まれている。

また、人とのトラブルを避けるためにゾウを移動させるということもある。たとえば、一頭の若いオスゾウが一か月以上にわたって田畑を荒らし、家を壊し、一人の男性を死なせてしまったということがあった。その周囲には森に退避するゾウ道がなく、ゾウからすれば袋小路に入り込んでしまったような状況であった。

そこでWTIスタッフは、アッサム州森林局と協力して、飼育ゾウに乗ってゾウを追い込み、獣医が加わった別のスタッフがゾウを麻酔で動けなくしてトラックで運び、近くの森に返したということがある。もちろん、村人に対しては注意喚起を促し、正しい理解をしてもらうことを目的として、トラブルが深刻となっている一〇の地域に、ゾウとの遭遇の際に「やるべきこと」と「やってはいけないこと」を掲示した看板を設置している。

レスキューセンターの活動を実際に体験しようと、「よこはま動物園ズーラシア」(1)でインドゾウの飼育係を担当し、JTEFのサポーターでもある古田洋さんが、アッサム動物園のほかカジランガ国立公園に行っている。そのときの様子を寄稿してくれたので、ここで紹介したい。

インドゾウの故郷を訪ねて

古田洋（よこはま動物園ズーラシア・飼育係）

私は、二〇一八年二月末から三月初めにかけて、アッサム州にあるカジランガ国立公園を訪れました。目的は、野生のアジアゾウやインドサイの暮らしを知ること、そして現地の野生動物レスキューの拠点である「レスキューセンター（ＣＷＲＣ）」を見学することでした。

ＣＷＲＣは「トラ・ゾウ保護基金」の現地パートナーである「インド野生生物トラスト（ＷＴＩ）」が所管する施設で、公園内で傷ついたり、仲間とはぐれたりした動物を保護・救護し、野生復帰に向けて支援をしています。カジランガ国立公園には野生動物の保護施設が複数ありますが、ＣＷＲＣはその中心的な存在となっています。

公園内で保護することが決まった動物は、その現場の近くに位置する保護センターに運ばれます。さらに、手術を必要としたり、綿密な野生復帰プログラムを必要とされる動物などはＣＷＲＣに移されることもあります。二〇〇二年に設立され、これまでに保護された動物の六割以上を野生復帰させています。私が訪れたときには、インドサイ三頭、アジアゾウ九頭、ヒョウ三頭、ジャングルキャット一頭が保護されていました。

（１）〒241-0001　横浜市旭区上白根町１１７５－１　TEL045-959-1000

ＣＷＲＣのパンジット獣医、救護パトロール担当のディリップさんに話を聞いたところ、サイやゾウは雨季に保護されることが多いそうです。広大な湿地が拡がるカジランガ国立公園は、雨季になると川が頻繁に氾濫するため、野生動物はそこから避難するために移動を余儀なくされるのです。体力のない子どものサイは親とはぐれたところを、子ゾウの場合は、移動の際にケガなどをして群れから置いてきぼりにされたところを保護されるといったケースが多いそうです。

サイやゾウなどの動物はリハビリの手順が設定されており、それに沿って野生への復帰を目指してリハビリが進められていきます。サイの場合は、三歳ぐらいまで飼育サポートを行い、その後、野生へリリースされます。

三歳というのは、野生においても親子が分かれる年頃です。サイの子どもは、保護された当初はＣＷＲＣ内にあるパドック（運動場）で飼育されますが、野生への復帰が近づくと、国立公園内の「ボマ」と呼ばれる囲いの中で生活することになります。囲いのゲートを開け

レスキューセンターのスタッフ（左）と共に

れば、もうフリーレンジの世界です。つまり、段階的に野生復帰までを支援するという「ソフトリリース方式」がとられています。

一方、ゾウのほうは、より綿密なリハビリプログラムが必要となっているようです。サイに比べると、長期間にわたって家族群で生活する動物だからです。そのため、保護施設でも小さなグループをつくって、そのグループごと野生へ復帰させるという「アシストリリース方式」がとられています。

私が訪れたとき、ＣＷＲＣでは七頭のゾウがリリースの準備中でした。ゾウたちは、早朝、七〜八キロ平方メートルもの広さがある場所に行って運動をし、夕方にＣＷＲＣに戻るという生活をしていました。

野生へリリースするとき、「どのように行っているのか？」と尋ねました。その答えは、麻酔をかけて、目的の場所に連れていってから放つというものでした。その理由は、人から近い場所や馴染みのある場所では、野生復帰への道が遠くなってしまうからです。

見学を終えてＣＷＲＣを去るとき、パドックに一頭の子ゾウがいることに気付きました。生後六〜七か月ということでしたが、病気か怪我のためにほかのゾウと一緒にすることができないとのことでした。

一方、国立公園では、ゾウの親子や群れがゆったりと川を渡る様子を見ることができました。私が見たゾウたちは、ゆったりと時を過ごし、平和そのものといった様子でした。しかし、前述したように、雨季には隣り合わせとなっている「死の危険」があることをスタッフの説明で知ることができました。また、保護された動物たちを一頭でも多く野生に帰そうと奮闘している人々の存在も知ることができました。

野生動物を保護するための第一歩は「知ることから」、ということを実感する旅となったわけですが、ＣＷＲＣのスタッフが行っている取り組みを「トラ・ゾウ保護基金」が行っているように支援することができるのです。私のレポートが、読者のみなさんの「知ること」につながれば幸いです。

パドックで過ごす一頭の子ゾウ。明るい将来を願う

カルビ族の村一九世帯をコリドー外へ移転

ゾウのコリドー内に住む村人たちは、焼畑農業をしながら移り住んできた人たちである。たまたま、ゾウが何年も移動しているルート上に村をつくって居着いてしまったため、毎年ゾウとのトラブルが起こるようになってしまった。もちろん、このままにしておくことはできない。そこで、コリドー外へ移転してもらうよう、数年にわたってこの村と交渉を続けていた。

その結果、ＷＴＩはイギリス王室と関係のあるＮＧＯ「エレファントファミリー」（本部はイギリス）という団体から寄付を受けて六エーカーの土地を購入し、カルビ族の伝統をつなぐモデル村として、この「ラム・テラン村」の一九世帯を本格的に移転させることにした。この話を聞いたＪＴＥＦも、村の移転にあたってさまざまな支援を行っている。

そして、二〇一五年、七年目にしてゾウのコリドー内にあったラム・テラン村は、コリドー外に移転して新しい生活を開始することになった。ＪＴＥＦは同年一一月に現地を視察してい

コリドー外に移転したラム・テラン（Ram Terang）村

るが、村人たちの新しい家は素敵なものだし、人々が快適だと喜んでいる姿を見て安堵した。

移転前は電気のない村だったが、新しい村には電気が引かれる予定となっていた。二〇一四年に訪ねた際に唯一建設が終わっていた村の集会所には、見事なゾウのレリーフがあしらわれていた。また、かわいらしい教会が小さな高台に建てられていた。地盤が固いために施工が大変だったようだが、掘られた井戸の水がとてもおいしいとみんなが言っていた。そして、養魚場には近くの川で捕ってきた魚が放流されており、村人のタンパク源となっていた。

現金収入を得るためのトレーニングが徐々にはじめられており、二〇一六年には、機織り機と織り糸、そして綿花を支給し、手織り製品が生産できるようにする新規プロジェクトもはじまり、近くにあるマーケットでの販売も計画されていた。さらに嬉しいことに、コリドー内にあった建物が取り壊された跡にゾウのフンが確認されたほか、コリドーを横切る未舗装の道路を横切るゾウの姿が頻繁に見られるようになったのだ。

コリドーを横切る未舗装の道路を通るゾウ

コラム

ゾウが死ぬと、その巨体はどうなるのか

2018年９月13日、「ナショナルジオグラフィック」が表題のようなニュースを配信した。その内容を、要約しつつ紹介することにしよう。

70年生き、体重は７トンになることもあるアフリカゾウ。ゾウが死ぬと、仲間のゾウたちは集まってきて、数日から数週間、時には数年間もその死を悼むことがあるという。実は、ゾウの死はほかの動物にとっては生存を意味することになる。

ゾウが息絶えると、ハイエナやハゲワシといった腐肉食動物たちが、その死骸を数日で骨だけにしてしまう。大きなゾウが死ぬことで、そこから別の生命に受け継がれていくというのが自然の摂理である。その様子が撮影されている。１頭のオスゾウが別のオスとの戦いに敗れ、そのときに負った傷が原因で死んだときのものだ。

当初は、ほかのゾウたちが集まって、仲間の死を悼むといった様子が見られた。次に何が起こるのか、撮影クルーはカメラを回し続けて、貴重な映像をものにした。むき出しになったゾウの内臓めがけてハゲワシの集団が折り重なるように群がり、争いを繰り広げる。目を覆いたくなるような光景だが、しばらく観察していると、意外にも現場が秩序だっていることに気付いた。それぞれの動物には役割があり、おとなしく自分の順番が来るのを待っていたのだ。

ハゲワシは、動物が死んで数分から数時間のうちに死骸を見つける。ところが、彼らの屈強な嘴でもゾウの厚い皮を食い破ることはできない。そこで、死んだ動物の上空で円を描きながら飛び、鋭い牙をもつライオンやハイエナが死骸を食い破り、肉を引き出してくれるのを待つという。

ＷＴＩが進めたこのプロジェクトは「カルビ・アングロン ゾウ保全プロジェクト」と呼ばれている。その現地責任者であるディリップ（Dilip Deori）氏が村の移転について振り返り、次のように言っていた。

「カルビ族ではない私（ディオリ族）は、まず一人でラム・テラン村を訪ね、村人たちに移転について徐々に説得を図ったが、途中で当初の移転候補先が気に入らないということがあったほか、移転場所が決まってからも一時期作業がとん挫したことがあった。そのとき、村人から非難もされ、石を投げられたこともあった」

七年以上をかけて努力を実らせたことに対して、心から敬意を表したい。

アジアゾウの保護プロジェクトが一〇年という節目を迎えた現在、二〇〇九年以来支援してきたアッサム州のカルビ・アングロン自治県では、トラブルを減らすための電気柵設置などの対策が軌道に乗り、村人自身の自主管理も定着している。また、山間部のコリドー内にあった村も、その外側に無事移転することができた。そこでＪＴＥＦは、いまだ支援の手が差し伸べられない新しいゾウの生息地に、二〇二〇年度から目を向けていくことにした。

新しい保護支援地域は南インドで、インドゾウが一番多く生息しているエリアである。ＷＴＩと日常的に連絡を取りながら、今後もゾウの暮らしをサポートしていくことにする。

第

4

章

イリオモテヤマネコの保護活動

作画：田中豊美

東洋のガラパゴス島「西表島《いりおもてじま》」

「プロローグ」でも紹介しているが、ここでは観光面から西表島がどういうところなのかについて紹介しておこう。地図をご覧になれば分かるように、西表島は八重山諸島にある島で、面積は約二九〇平方キロメートル、周囲が約一三〇キロと、沖縄県では沖縄本島に次いで二番目に大きな島である。

気候は亜熱帯海洋性気候で、月別平均気温の平年値に基づけば熱帯雨林気候に相当し、夏の平均気温は三二度ほどで、一月でも一八度を超える日が多い。そのため、島の面積のうち九〇パーセントが亜熱帯の自然林で覆われており、約八割が国有林となっている。

この島には、大小合せて約四〇本の川が流れている。その多くの河口付近には海水と汽水域に適応したヒルギ科などの植物が密生するマングローブ林があり、とくに仲間川流域のマングローブ林は日本全体のマングローブ面積の約四分の一を占めるほど雄大なものとなっている。日本産のマングローブ植物は七種数えられるが、そのすべてが分布しているのは西表島だけである。

このような自然環境ゆえ、一九七二年にイリオモテヤマネコが国の天然記念物に指定されたほか、一九七七年には西表島の三分の一にあたる面積が国立公園に指定され、その後、二〇一六年

西表島の位置

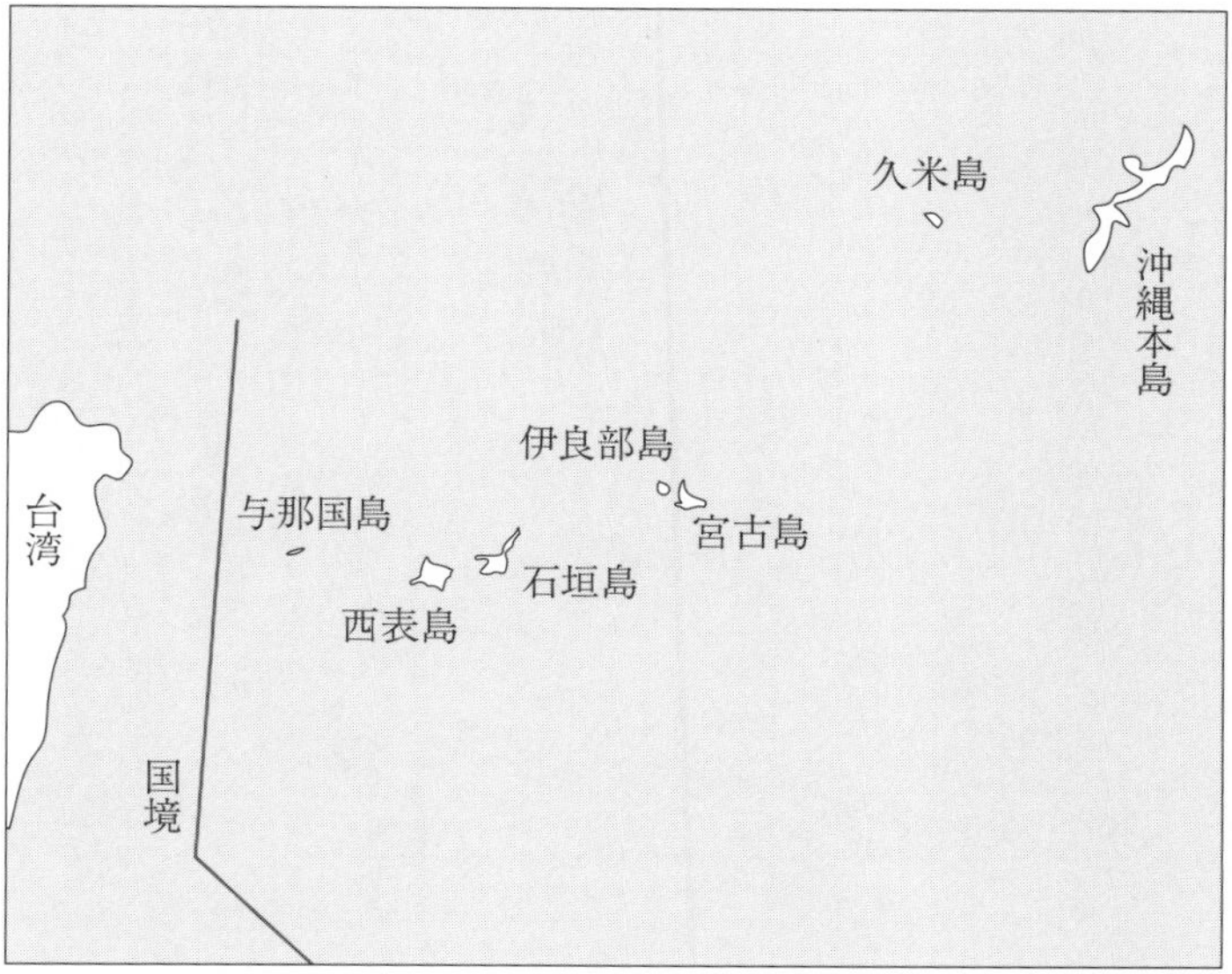

ジャングルの中に突然現れるマリュドゥの滝

西表島の島内図

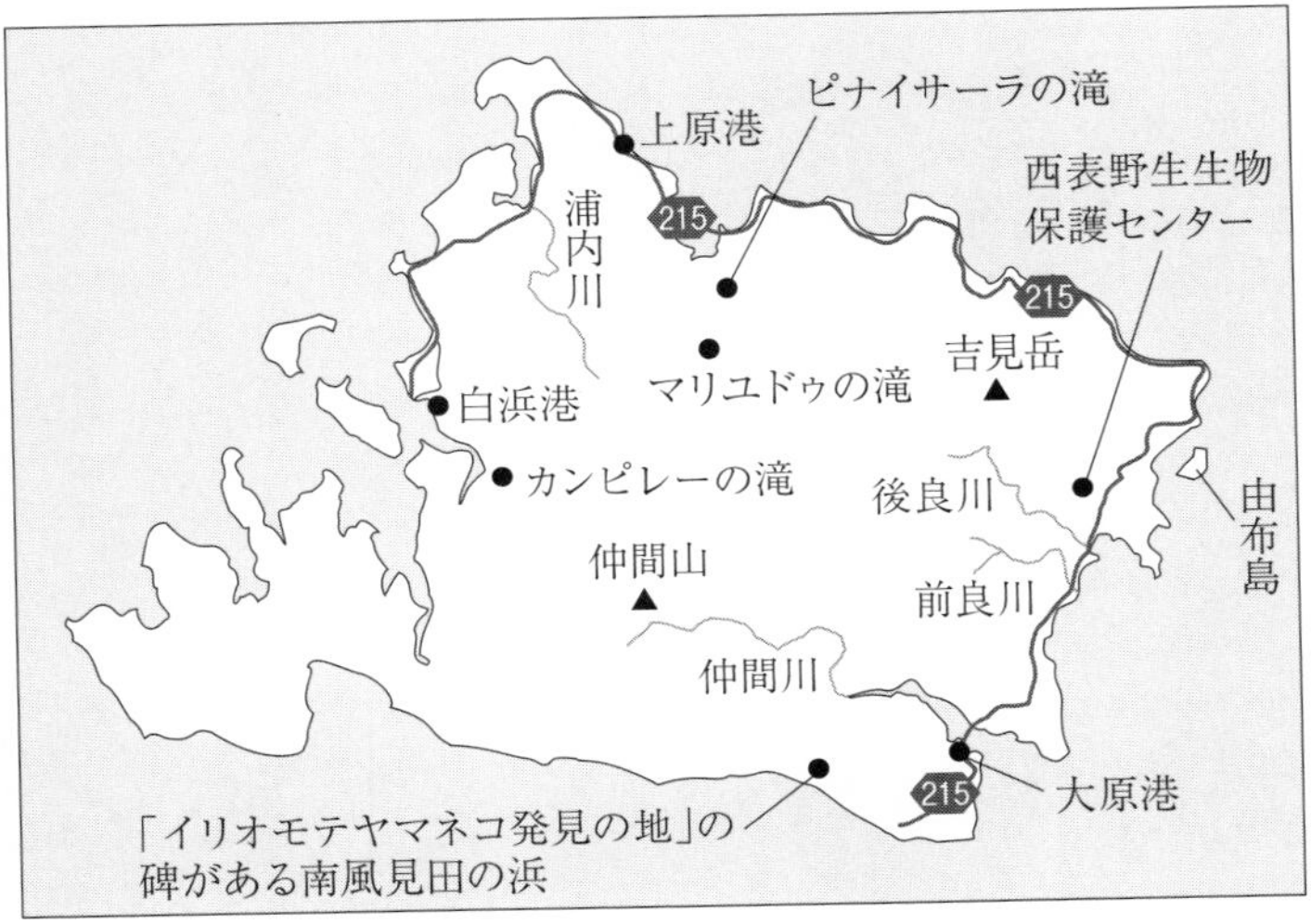

にほぼ全域に国立公園指定が拡張された。

また、周囲の海には四〇〇種を超えるサンゴと豊かな海洋生物が生息している。石垣島と西表島の間には日本最大のサンゴ礁域が拡がっており、「石西礁湖《せきせいしょうこ》」としてここも国立公園に指定されている。この豊かなサンゴと海中生物は水中観光船で見ることができる。

二〇二〇年一月末現在、二四六二人（一三六七世帯）の住民が一四の集落に分かれて、農業（稲作、さとうきび、パイナップルなど）、牧畜（牛）、漁業などを営んでいるが、近年の主産業となるとやはり観光業となる。

掲載した地図を見れば分かるように、観光スポットは多い。それゆえだろう、西表島は「ミシュラン・グリーンガイドジャポン」で二つ星の評価を得ている。浦内川や仲間川をはじめとして多くの河川でのカヤッキング、海洋でのシュノーケリング、スキューバダイビングなどのアクティビティが盛んなほか、島特有の自然環境を対象とした「エコツアー」が人気となっている。また、島の外側が急斜面であるため、「カンピレーの滝」、「マリユドゥの滝」、「ピナイサーラの滝」をはじめとして滝が多く、観光名所となっている。

とはいえ、西表島への入域観光客は二〇〇七年の四〇万五六四六人をピークに減少している。二〇一一年は最低となる二五万四〇一一人となり、その後、増加基調ではあるものの、二〇一六年は三二万九九一七人とピーク時には及んでいない。また、観光客の多くが石垣島からの団体客に代表される日帰りツアーであるため、宿泊者は入域客の一～二割程度にとどまっていると推定されている。

ピナイサーラの滝

これには理由がある。西表島には飛行場がないため、来島する場合は石垣島まで飛行機で行って、そこから航路で向かうことになる。時間にして三五～四〇分ほどだが、観光客からすれば、「それならば石垣島に宿を取って……」という旅行計画になるケースが多いようだ。それだけに、まだまだ自然環境が残っているとも言える。

しかし、今後、世界自然遺産に認定されると、このような状況が一変するかもしれない。これまでの認定においてもそうであったように、認定が決まると人びとの関心が高まり、想像以上の観光客が訪れることになる。一般的には喜ばしいことだが、この認定に対して地元では賛否両論があり、意見が割れているのだ。ゴミの処分や下水道設備が不十分なうえ、島内には病院がなく、平日のみ診療所が開かれているという状態であるため、急激な観光客数の増加に対応できないという問題が指摘されているのだ。

もちろん、イリオモテヤマネコの保護という面においても、「あまりありがたくない」状況となる。言うまでもなく、より多くの人にイリオモテヤマネコの生態などについて知ってもらいたいところだが、「プロローグ」でも書いたように、イリオモテヤマネコの交通事故死が多発しているという現状がある。「矛盾」とも言える状況を打破して、ＪＴＥＦとしてもこれまで以上の保護活動を展開していく必要がある。

以下では、この自然環境豊かな島で、イリオモテヤマネコがいつ、どのようにして発見されたのかについて詳しく説明していくことにする。発見に関する歴史的な背景を知っていただくことで、これから訪れることになる人びとが注視し、よりモラルの高い生態観察をされることを願っている。

イリオモテヤマネコの発見

日本に野生のヤマネコが生息していると分かったのは一九六五年のことで、沖縄県はまだアメリカの統治下にあった。この当時、島民は山に行けばヤマネコがいることは知っており、たまたまイノシシの罠にかかったりすると、貴重なタンパク源として鍋に入れて食べていた。つまり、誰も貴重な動物だということを知らなかったのだ。

たまたま石垣島で、「西表島に野生のネコがいるらしい」ということを「琉球新報」の親泊一郎記者から聞いた動物文学者の戸川幸夫（父）が、半信半疑ながらヤマネコを探しはじめることにした。すると、「見たことがある」と言った人たちから聞くヤマネコの特徴はすべて同じで、明らかに家ネコとは違っていた。そこで、「本物の野生ネコではないか……」と探索に夢中になったが、証拠となる毛皮や骨は肉を食べたあとに捨て去られており何も残っていなかった。

それでも父は諦めなかった。当時、島の東部地区から西部地区へ行くには、道がなかったために小さな「サバニ」という小舟に乗せてもらって移動したという。また、急峻な山道を、雨のなかでもバイクの後ろに乗せてもらったりして移動したようだ（七八ページの写真参照）。このような地元の人たちの手助けで、どうにか二枚の毛皮と一つの頭骨を東京に持ち帰ることができた。

帰京後、主にネズミなどの小型哺乳類を研究対象としていた動物学者の今泉吉典博士（一九一四〜二〇〇七）に相談した。すぐに日本哺乳動物学会（現・日本哺乳類学会）の緊急例会が開かれ、「これまでに知られていない野生種である」と認められたことで、全国紙が「二〇世紀の大発見。大型哺乳類の新種発見」として報道し、日本国中で大騒ぎとなった。そして、二年後の一九六七年には「新属新種」として記載されることになり、学術的にも非常に大きな驚きを与えた（五八ページに記したように、のちに行われた遺伝子解析により、独立種ではなくベンガルヤマネコの亜種と判定されている）。

その後、一九六七年三月に捕獲された二頭のイリオモテヤマネコが、国からの委託で二年半ほど東京の戸川宅で飼われることになった。それについては、次ページのコラムを参照していただきたい。

西表島は、この発見の三年前にやっと電気が通ったばかりである。石垣島から海底ケーブルを通して電気が送られており、島内に発電設備があるわけではない。当時は、水牛に車を引かせて移動していたような状況であったし、台風で飛ばされそうな茅葺屋根の民家がポツンポツンと立っていた。その様子を父は写真に収めていた（七八ページの写真参照）。

電気が通ってから水道も整備されるようになった。そして一九七二年、沖縄は本土復帰を遂げている。「やっと本土並みの生活ができる」と、島民は期待に胸を躍らせたことだろう。食料生

コラム

家にいたイリオモテヤマネコ

餌を与える父戸川幸夫

　1967年３月から1969年６月まで、懸賞金をかけて生け捕りにしたイリオモテヤマネコを、国に依頼されて東京の家で飼っていたことがある。さすがに野性味にあふれ、少しも人に懐かなかった。当時の私は、ヤマネコの貴重さが十分に分かっておらず、テレビなどの取材が多くやって来る英雄であるヤマネコに近づこうものなら「フワーッ」と威嚇されるばかりで、少しも可愛いいと思わなかった。

　ある日、私が学校から帰ってきたら玄関に大きな箱があり、中からピヨピヨと勢いよくなく声が聞こえてくる。何かと思ってそっと開けてみたら、黄色い可愛いヒヨコがたくさん入っていた。爬虫類の専門家が、「野生のネコなのだから、生餌を食べさせて精をつけさせないと」と言って、生きたヒヨコ100羽を持って来てくれたのだ。

　こんな可愛いヒヨコたちをヤマネコの餌にするなんて、残酷だ！　翌朝、中学生だった私と姉は手分けして、父が寝ている間にすべてのヒヨコを学校に持っていき、友達に飼ってもらうように頼んで、父のもとから救い出した。姉の友人が育ててくれた一羽のヒヨコは見事に成長して、しばらくの間、毎朝「コケコッコー」と時を告げていたそうだ。

　家にいたヤマネコたちは未知となっていた生態を知る第一歩となったが、野生の生活を捨てさせられ、一年中、人に見られて暮らした。その後、国立科学博物館に移ってしばらく飼われ、老衰で死んでいる。その過程を私は、『家にいたイリオモテヤマネコ』（月刊たくさんのふしぎ、2014年６月号）という絵本で紹介している。

産も徐々によくなり、パイナップルの缶詰工場ができたことで「パイン景気」が生まれ、島民は経済的に豊かになりはじめた。その一方、本土復帰した年にイリオモテヤマネコは国の天然記念物となった。しかし、島民にとっては、ヤマネコは開発の邪魔者であった。一九七二年の「沖縄タイムス」の記事によると、西表島が含まれている竹富町の町議たちが那覇市で記者会見をし、国立公園に指定された島の一部地域を解除してほしい、と陳情したようだ。

一九七二年には全島の三分の一に当たる面積の国立公園化が目指されたが、「これで開発が一切不可能になる」という島民の誤解による反対もあり、特別地域に指定されたのはそのうちの三分の二強となった。

一九七三年に着工していた島の東西を結ぶ横断道路の建設についても、自然破壊を危惧した自然保護団体が開設中止を提言し、中止となっている。ずさんな土砂管理とそれに伴う赤土流出などのトラブルに地元住民も批判的ではあったが、日本政府による突然の道路計画中止に反発し、「西表島開発促進住民大会」が開催された。つまり、ヤマネコの発見によって開発ができなくなったと考える人が意外と多く、「人かヤマネコか」という議論がはじまったのである。

一九七三年の暮れ、東京の戸川幸夫宅に、「西表島の自然保護とヤマネコ研究の学者諸氏に対する現地住民の声」という文書が届いた。それには、「自然保護という美名のもとに、文化の一片も与えられず、原始のままの生活を強いられているのが現実」、「ヤマネコやカンムリワシがどうなろうと我々には何のかかわりもないこと」、「ヤマネコ優先の人道を無視した自然保護対策に抗議を続けてまいる所存」などと書かれていた（毎日新聞「自然保護と開発の接点」一九七四年九月四日付参照）このころ、西表島では観光開発が急速に進んでいた。それに対して父は、次のようなコメントを新聞や雑誌に書いている。

・住民のための必要な道路は開通してほしい。電気や水道や船着き場や遊歩道やテレビ塔も必要だ。だが、観光客のための俗化した娯楽施設などは自然観光地では廃止しなければなりません。国立公園や国定公園というと景色の一番良い場所を買い占めて、そこに豪華なホテルやレストランを作る。自分のところさえお金が入れば景観なんかどうなってもいいという傾向が業者にはある。西表島を人々が訪れるのはそこに美しい大自然と珍貴なる動物、きれいな海があるからです。ホテルやレジャーランドなら本土にいくらでも良いのがある。日本の宝を大事にしたいものです。

・本土資本による観光開発という乱開発の魔の手が伸びてきているのが心痛の種。ヤマネコが大事か、人が大事か……いうまでもなく人が大事です。しかし人間の生活を大事にし、その精神的な充実を求めるからこそ自然を守らなければならない。

・学術的には無論、自然を守るためにも実はヤマネコも大事だということを言いたい。

ヤマネコが国の特別天然記念物となった一九七七年には国設の西表島鳥獣保護区が計画され、当初は行政側にも反対があったようだが、一九七八年一月一八日、地元は条件付きで賛成した[1]。ところが、同年一月三一日、イギリス女王の夫であるエジンバラ公から当時の皇太子（現在の上皇）に宛てた書簡と、この書簡を送るきっかけとなったドイツのP・ライハウゼン博士[2]による「西表島の実情」という報告書が日本の全国紙で報じられた。そこに書かれていたのは、「貴重なヤマネコにとってこの島は狭すぎる。数百人以上の人との共存は不可能」というものだった。

この報道をふまえて、「はるかロンドンからの訴えが大きな力となって環境庁は来月、生息地一帯を鳥獣保護区とすることを決めた」という見出しの記事が新聞に掲載されたこともあり、今度は島民が「国はヤマネコ保護のため地元住民を犠牲にし、保護区を設定するのか！」と反対運動を起こしはじめた。この反対運動が理由で、環境庁（当時）は鳥獣保護区の設定を見送ることにした。

西表島にはこのような歴史的経緯があるのだが、父の「イリオモテヤマネコの保護」という願いを引き継いだ私は、ＪＴＥＦの坂元事務局長と共に、二〇〇九年からイリオモテヤマネコの保護活動を開始するという計画を立てた。その数年前から視察として西表島に行っていたが、そのとき、ある島民に言われたことがある。

「『ヤマネコの保護を』と強く言うと、まだ自然保護にアレルギーが残っている人が多いから、言葉には気を付けたほうがいいですよ」

島の人たちの胸のなかには、「人か、ヤマネコか騒動」の火種が五〇年近く経ってもまだくすぶっており、完全には消えていなかったのだ。

あれから一〇年、西表島にはこの騒動のことを知らない人たちが増え、イリオモテヤマネコだけでなく、カンムリワシやセマルハコガメ、キシノウエトカゲ、キノボリトカゲなどといった珍しい生き

1978年(昭和53年)2月15日　水曜日　13版　社会　(18)

西表島　保護区諮問見送り

ヤマネコ優先の提言(西独学者)に　地元が強く反発

公聴会では賛成だったが…

1978年２月15日付の日経新聞

（１）　環境大臣が設定する国指定の鳥獣保護区のこと。

（２）　(Paul Leyhausen, 1916～1998)　一九五八年からゼーヴィーゼンのマックスプランク行動生理学研究所で助手を務め、一九六一年から一九八一年で退官するまで、ヴッパータールに設立されたマックスプランク行動生理学研究所・ネコ研究グループを率いた。四〇年以上にわたってネコの行動の研究に従事し、高齢になってからもネコ科動物と分類学を研究するとともに、さまざまな野生ネコ類およびその生息空間の保護に活躍した。『ネコの行動学』（今泉吉晴訳、どうぶつ社、一九九八年）が邦訳されている。

ものたちが暮らす野生の世界、きれいなサンゴ礁、色とりどりの熱帯魚が泳ぐ青い海を求めて多くの観光客が訪れる島となっている。

以下では、イリオモテヤマネコをめぐる保護活動について述べていくことにする。

イリオモテヤマネコの生態

島全体が国立公園となっている西表島

西表島は沖縄県八重山郡竹富町に属する八重山列島の島で、同列島で最大の面積をもっている。前述したように、面積は約二九〇平方キロメートルで、沖縄県内では沖縄本島に次いで第二位となっているが、東京都の半分にも満たない。「西表島」という名称が使われるようになったのは一八世紀以降であり、古くは「所乃島」や「古見島」と称されていた。

平地が乏しく、山や森林が海岸近くまで迫っているため、人の居住地は海岸線沿いのわずかな平地にかぎられている。このような地形のため、島内を流れる主要河川である浦内川（延長一八・八キロ）は島の南東部を源流として北西へと流れ、もう一つの主要河川である仲間川（延長七・四五キロ）は西南部を源流として反対側の東へ流れている（二〇〇ページの地図参照）。

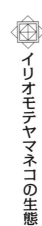

陸域はすべて「西表石垣国立公園」の公園区域に指定されている。そのうち、浦内川源流部、仲間川源流部、そして高古見岳・御座岳一帯（四六二四ヘクタール）が特別保護地区となっているほか、イリオモテヤマネコやカンムリワシなどの希少な野生鳥獣の保全を目的として、森林地域のうち約三八四一ヘクタールが「国指定西表鳥獣保護区（希少鳥獣生息地）」に指定されており、そのうち二三〇六ヘクタールが特別保護地区となっている。

このように水の豊かな森林に覆われた西表島は、九万年ほど前に大陸から離れて島化し、その長い地史のなかで独自の生物進化を繰り返してきた。その結果、島固有の種、亜種（別種というほどではないが、相当の変異が見られる種の地域的グループ）を生み出してきた。もちろ

手つかずの自然、西表島

ん、イリオモテヤマネコもその一つであるが、ほかにも特別天然記念物のカンムリワシやセマルハコガメ、キシノウエトカゲ、サキシマハブなど、珍しい動植物の宝庫となっている。ちなみに、「イリオモテ」の名をもつ生物には以下のようなものが挙げられる。

植物――イリオモテウロコゼニゴケ（蘚苔類）、イリオモテシャミセンヅル（フサシダ科）、イリオモテニシキソウ（トウダイグサ科）、イリオモテスミレ（スミレ科）、イリオモテヒイラギ（ヤエヤマヒイラギ）（モクセイ科）、イリオモテソウ（アカネ科）、イリオモテアザミ（キク科）、イリオモテクマタケラン（ショウガ科）、イリオモテトンボ・イリオモテヒメラン・イリオモテムヨウラン・イリオモテラン（ラン科）

動物――イリオモテヤマネコ、イリオモテコキクガシラコウモリ、イリオモテナンキングモ、イリオモテヒメグモモ

セマルハコガメ

カンムリワシ

ドキ、イリオモテエグリツトガ、イリオモテアオシャチホコ、イリオモテボタル、イリオモテトラカミキリ、イリオモテモリバッタ

菌類——イリオモテハナセミタケ、イリオモテセミタケ

これらの動植物については、環境省の施設である「西表野生生物保護センター」で剥製や映像を見ることができる。センター内の資料室では西表島に関する書籍や写真集を閲覧することもでき、自然や地理などの情報がきれいなパネルで紹介されているほか、最近のヤマネコ路上出没・目撃情報も地図化されている。大原港から車で約一五分というところにあるので、ぜひ立ち寄っていただきたい。

それでは、本章の主人公となるイリオモテヤマネコとはどのような動物なのか、以下で詳しく説明していくことにする。なお、「ヤマネコ」という表記も併用することをお断りしておく。

西表野生生物保護センター　〒907-1432　沖縄県八重山郡竹富町字古見　TEL：0980-85-5581　営業時間10時～16時。

西表島に生息するイリオモテヤマネコとは?

世界で、西表島だけに生息しているヤマネコ、それがイリオモテヤマネコ（*Prionailurus bengalensis iriomotensis*）である。前述したように、一九六五年に動物文学者であった父戸川幸夫らが発見し（一九六七年に新種記載）、「東京二三区の二分の一にも満たない面積の島にヤマネコが生息していることは奇跡的」とか「野生ネコの世界最小の生息地」などと言われ、国際的にも注目された。

イリオモテヤマネコ（撮影：村田行）

家ネコとほぼ同じくらいの大きさで（体重約三〜五キロ）、やや胴長短足気味、尾は太いという特徴がある。体に小さなまだら模様が見られ、目の周りに白い隈取りがあるという顔つきや、耳の後ろにある白い虎耳状斑《こじじょうはん》はトラなどの大型動物と同じである。明け方や夕暮れに活発に活動するという夜行性で、群れを形成することなく単独で暮らしている。

現在の生息数がわずか一〇〇頭程度であるイリオモテヤマネコには、決まった場所に定住するものと、定住場所を求めて放浪するものがいる。放浪するのは親離れした若いヤマネコや年老いたヤマネコで、繁殖できるのは定住しているものだけと考えられている。メスは、子育てに必要な採食場所や巣を確保するために良好な環境を選んで定住している。そのため、行動圏が縄張りとなっており、定住メス同士が重なることはほとんどない。もし、定住メスが死亡したりすると、行動圏の配置はほとんど変わらないまま新しいメスが定住することになる。

一方、オスは、繁殖相手を確保するためにメスがいる環境に定住する。そのため、定住オスの行動圏内には一～二頭の定住メスの行動圏が含まれることが多い。ちなみに、定住オス同士の行動圏はほとんど重なっていない。

イリオモテヤマネコの一年を簡単に紹介しておこう。

春――だんだんと気温が上がり、梅雨（五月）に近づくころ、昼間の活動が少なくなり、採食場所に近い樹洞《じゅどう》の中などで二頭前後の子を出産する。樹洞とは、樹皮がはがれて木の中が腐るなどして隙間が開いてできた洞窟状の空間である。

夏――サガリバナが咲きはじめるころ、母ネコは活発に動く子ネコ

ヤマネコの親子（作画・岡村麻生）

たちの安全を守り、獲物を獲って食べさせるのに一生懸命となる。

秋——北風が吹きはじめるころ、子ネコたちも独り立ちし、オスメスとも一頭で明け方や夕暮れに行動することが多くなる。オスの子ネコは放浪し、何年かしてほかのオスがいないメスの行動圏を見つけたら、それを取り囲むようにして定住する。メスの子ネコは母ネコのそばにとどまり、いずれ定住する行動圏を譲り受けると推測されているが、その生態についてはよく分かっていない。

冬——冷たい雨の多い冬は、ヤマネコたちの恋の季節となる。昼間でも行動したり、これまでは別々に暮らしていたオスとメスが一緒に行動する日もある。

西表島の道路事情——やまねこ夜間パトロール

現在、西表島では、イリオモテヤマネコの交通事故が起きた場所や目撃情報が多いところには、環境省が製作している移動式の「イリオモテヤマネコ注意」という看板が設置されている（二二六ページの写真参照）。わずか一〇〇頭ほどしか生息していないイリオモテヤマネコにとって最大の脅威となるのは、島を縦断する一本の県道上での交通事故である。県道は拡幅されており、対向車が少ない直線道路だから、どうしてもスピードが出てしまう。事故に遭ったヤマネコは、そのほとんどが即死であった。

二〇一一年、ＪＴＥＦは島民たちが主体的にヤマネコの交通事故対策にかかわる「やまねこ夜間パトロール」を開始した。このとき、中心になって地元の人たちを集めて実践してくれたのが、四五年以上前に大阪から西表島に移住してきた写真家の村田行さんである。

沖縄県が日本に復帰した一九七二年の翌年からヤマネコの調査が開始されたが、そのころから村田さんは、一人で山に入って野生のヤマネコの姿を写真に撮ってきた。今でこそヤマネコの写真を撮る人は多いが、二回目の調査に参加している村田さんはその「草分け」となる。このような村田さん、その後も西表島の自然保護活動に対して積極的に取り組んでいる。

「やまねこ夜間パトロール」（以下「夜間パトロール」と略）のチームは地元で自主的に編成されており、イリオモテヤマネコの目撃情報が多いところを中心にして、夜間に自動車で低速走行し、遭遇車両のスピードを測りながら注意喚起を促している。また、夜間パトロールを開始した年から、路線バスや観光業を営む玉盛雅治さんが、ＪＴＥＦが作成した交通事故防止マップを路線バスの後ろに貼

やまねこ夜間パトロール

ってくれたり、レンタカーのお客さんに渡してくれたりと、現在もさまざまな協力を行ってくれている。

イリオモテヤマネコ発見五〇年という節目に定められた「イリオモテヤマネコの日（四月一五日）」を最初に迎えた二〇一六年、西表島上原にＪＴＥＦの支部として「やまねこパトロール」を設立し、高山事務局長が常駐するようになったが、現在この夜間パトロールは、高山事務局長を中心に地元の協力者二〇名を得て二人一組で続けられている。

最初は、島の西部に在住している人によって夜間パトロールが行われていた。ヤマネコの目撃情報や事故現場近くを中心にして、島の西部から東部に向かって約二五キロ行って戻ってきていたのである。県道は端から端まで五〇キロだが、時速二〇キロでパトロールするために遠くまで行くことができない。しかし、事故は至る所で起こっている。そこで、開拓移民としてヤマネコ発見以前に島の東部に渡ってきた高田見諒さんの協力を得て、二〇一六年から東部でも夜間パトロールに参加するメンバーが増えはじめた。

言うまでもなく、東部に住む島民が東部をパトロールし、西部に住む島民が西部をパトロールしている。高田さんから地元目線でアドバイスをしてもらっている一方、西部では、元町議会議員で、農業と酪農を営んでいる津嘉山彦さんが目を光らせてくれている。地元に根ざしていることの二人の存在は、三〇代後半という若い高山事務局長にとっては大きな助けとなっている。自然保護活動は、地元の人たちが行わなければならない。私たち東京本部のメンバーは、後ろからその活動を支えている。

パトロールによって集められたデータを見ると、地元の人が運転する車両のほうがレンタカーよりずっと速いことが判明した。夜に行われる会合の場合、五分早く家を出ればスピードを出さずにすむところを、農作業などで忙しいこともあってギリギリに出掛けるためにスピードを出してしまうようだ。また、ヤマネコの交通事故が夜間に多いということを知っていても、「慣れている道だからひくことはない」という根拠のない自信があったのかもしれない。

このような状況をふまえて、ヤマネコの出没時間帯（午後七時三〇分～一〇時三〇分）に走る車両を減速させるため、竹富町から託されたうえでパトロール車に黄色灯をつけてゆっくりと走り、注意喚起を促すようにしたわけである。なお、パトロール中に測定したデータは、環境省・林野庁が主催している「イリオモテヤマネコ保護増殖検討会」で毎年発表されており、普及啓発に役立てている。

それでも、生息数が約一〇〇頭と言われているヤマネコの交通事故数は毎年増えるばかりとなっている。一九七八年から二〇一九年までの四一年間に九二件の交通事故が報告され、八四頭が死んでいる。絶滅に瀕するイリオモテヤマネコにとっては、決して無視できないダメージである。しかも、二〇一八年には、交通事故が初めて記録された一九七八年以来「最多」となる交通事故

2010〜2020年に確認されたイリオモテヤマネコの交通事故（2020/4/10時点）

年	確認月日	性別	年齢・特徴	死体回収
1978〜2009年　47件（事故死体回収46頭）				
2010	2010/1/3	オス	幼獣	死体回収
	2010/2/14	オス	亜成獣	↑
	2010/4/13	メス	亜成獣	↑
	2010/7/12	オス	成獣（放浪）	↑
	2010/9/9	メス	幼獣	↑
2011	2011/6/22	メス	成獣（定住・授乳中）	↑
	2011/8/7-8	不明	幼獣	↑
2012	2012/4/3	オス	成獣	↑
	2012/10/25	オス	幼獣	↑
2013	2013/5/14	メス	亜成獣	↑
	2013/5/18	オス	成獣	↑
	2013/6/6	不明	幼獣	未回収（保護中逃亡）
	2013/6/26	オス	幼獣	死体回収
	2013/8/24	メス	幼獣	↑
	2013/10/20	オス	成獣	↑
2014	2014/1/1	メス	成獣（定住）	↑
	2014/1/22	メス	幼獣	↑
	2014/8/26	メス	幼獣	野生復帰
	2014/11/3	メス	亜成獣	死体回収
2015	2015/3/20	メス	亜成獣	↑
	2015/3/24	メス	亜成獣（2014/8/26に野生復帰したネコ。死亡時には妊娠していた。）	↑
	2015/12/14	メス	幼獣	↑
2016	2016/1/18	メス	成獣	↑
	2016/3/28	メス	成獣（妊娠中 胎児二頭も死亡）	↑
	2016/5/4	オス	亜成獣	↑
	2015/5/31	オス	成獣	↑
	2016/6/13	メス	成獣	↑
	2016/7/6	オス	幼獣	↑
	2016/12/4	オス	幼獣	↑
2017	2017/7/16	オス	成獣	↑
	2017/7/28	不明	不明	未回収
	2017/9/22	オス	亜成獣	死体回収
2018	2018/1/23	オス	成獣	↑
	2018/4/26	オス	成獣	↑
	2018/5/4	メス	成獣（子育て中）	↑
	2018/5/16	不明	成獣（白骨死体）	↑
	2018/6/28	不明	成獣	逃亡
	2018/9/5	オス	成獣	死体回収
	2018/10/29	不明	成獣	逃亡
	2018/12/5	オス	幼獣	死体回収
	2018/12/12	メス	成獣	2018/12/23 野生復帰
2019	2019/7/21	メス	幼獣	死体回収
	2019/10/30	オス	成獣	死体回収
	2019/11/4	メス	亜成獣	死体回収
	2019/12/11	不明	亜成獣、あるいは成獣	逃亡

1978年以来92件（死亡確認84頭）

作成：やまねこパトロール

出典：環境省記者発表資料、保護増殖検討会資料、交通事故発生防止連絡協議会資料、八重山毎日新聞記事、西表野生生物保護センター HP

数（九件）が発生した。

パトロール中に出会った路上の小動物であるカエルやヘビ、カメなどは、車にひかれないように路上から海側や山側に移動している。これらの生きものたちをヤマネコが食べようとして、車に気付かずにひかれることがあるからだ。路上は、いろいろなものを食べるヤマネコにとってはレストランのようなものである。

パトロールを行いながらこのような作業をしているのだが、前述したように交通事故が減っているわけではない。また、西表島にしか生息していないことや、個体数の減少が続いていることから、環境省が作成している「二〇〇七年版レッドリスト」では「絶滅危惧ⅠA類」という、ごく近い将来において野生での絶滅の危険性が極めて高いグループに分類されている。そこでＪＴＥＦが考え出したのが、小中学生を対象にした「出前授業」である。

島の全小中学校で出前授業

真っ直ぐに伸びた木々がキラキラした太陽の光を浴び、風に揺れ、芝生がずっと続く校庭。その先にある体育館から子どもたちの元気な声が響いてくる。体育館の中では、向こう側からこちら側へと横切って走る先生とぶつからないように、すり抜けて移動する子どもたちの姿がある。

イリオモテヤマネコを身近に感じてもらおうと、ＪＴＥＦがつくった「ヤマネコになってみよう」というゲームを中心にした小中学校向けの「ヤマネコのいるくらし授業」の様子である。どこの学校でもそうなのだが、子どもたちの歓声からはじまり、「ドキドキした」、「ヤマネコも大変なんだと分かった」、「こわかった……ぶつからなくてよかった……」などと息を弾ませながら感想を述べて、この授業は終了する。

二〇一二年からこの授業を行っている。次世代を担う子どもたちが、イリオモテヤマネコや西表島の自然との共存を受け入れ、日常生活のなかでそれを意識して行動する人間に成長するための教育支援を目的としたものである。

子どもたちはイリオモテヤマネコが交通事故で轢死《れきし》したことは後日の新聞やニュースで知っているが、なぜヤマネコがこの道路に出てきて交通事故に遭ってしまうのか、ヤマネコが島でどのような暮らしをしているのかについては知らない。かつては、ヤマネコを教材にした授業プログラムがなかったのだ。

最初の一年は、五校の小中学校において、朝礼時にクイズなどでヤマネコの現状を話した。ヤマネコを見たことがある子どもはそれほど多くなく、ヤマネコについても、名前以外はよく知らないという子どもが多かった。そのため、翌年からは竹富町教育委員会や各校のご理解のもと、正規授業枠として一時間の「出前授業」を開始することにした。その一つが先ほど紹介したゲーム形式のものである。先に紹介したようなヤマネコの社会を知ってもらい、実際にその社会を体験して、ヤマネコの気持ちになってみるというゲームである。

森から川沿いを歩いて獲物を探しに出てくるヤマネコたちが道路を渡って餌場に行き、獲物を捕ってまた道路を渡って無事に帰ってくるという行動形態を体育館で再現するわけだが、途中の路上には教師が扮した謎の物体（自動車）が行き交っている。道を横断しなければ帰れない。気付かずに飛び出してしまうと「一貫の終わり」となる。車のスピードがゆっくりであれば、死ぬことはなく怪我だけですむ場合もあるが……。しかも、夏場は観光客が多くなり、車の数が増えてしまう。地域に不慣れな観光客はゆっくり走っているが、観光客の送迎をする車は時間を気にしてスピードを出してしまう。さて、交通事故に遭うことなく、ヤマネコ（子どもたち）

小学校での出前授業の様子

は無事帰り着くことができるのだろうか……。

リアリティーのあるゲームとなっていると自負しているが、出前授業では、そのほかにもヤマネコの身体的特徴や生態を教え、フンを分析し、どの季節に何を食べているのか、なぜ道路に出てくるのかなどについても一緒に考えている。もちろん、季節によってヤマネコの行動が多少変わっていることも伝えている。

このような出前授業、小学校低学年から中学生まで、年齢に合わせたさまざまなバージョンをつくっている。ゲームの作成にあたっては、イリオモテヤマネコの専門家であり、ＪＴＥＦのアドバイザーである岡村麻生さん（理学博士・動物生態学）からたくさんのアイディアをいただくとともに、全面的な監修をお願いした。そして、東京では、ＪＴＥＦの賛同者でもある環境教育の専門家（岩田好宏氏、大

イリオモテヤマネコ（撮影：村田行）

森享氏、三石初雄氏）と「野生生物保全教育研究会」を立ち上げ、出前授業を行うたびに検討会を開催している。

前掲した地図（二〇〇ページ）でも分かるように、西表島の中央部には標高四七〇メートルの古見岳を筆頭とする山地が台地上に連なっており、四〇以上の水系をもつ豊かな森林に覆われた島であり、野生のヤマネコが暮らす世界最小の生息地でもある。低地部分の海岸沿いに村が点在しているわけだが、島の東部地区と西部地区を結ぶ一本の県道がヤマネコの行動圏を縦走している。

大陸から切り離されたあと、ネズミのいなかったこの島で家ネコと同じぐらいの体格であるイリオモテヤマネコは、沢沿いや湿地など豊かな水環境を好んで利用し、季節に合わせて魚、カエル、カニ、ヘビ、昆虫、トカゲなどといった小動物を獲物として九万年も生きてきた。ヤマネコは獲物を捕りながら沢沿いを移動し、この県道を渡ることになる。そのとき、ヤマネコの命に危険が迫ってくることになる。

西表島にしか生息していない国の特別天然記念物であるイリオモテヤマネコが、絶滅のおそれから完全に解き放たれることは永遠にないだろう。そのようなハンディを背負って生きるヤマネコが、この県道で二〇一八年には観察史上「最多」となる九頭が交通事故に遭い、死亡していることは先に述べた。

路上には数多くの「イリオモテヤマネコ注意」という看板が立ち並び、制限速度は四〇キロ（集落内では三〇キロ）と決まっているのだが、一九九二年にはじまっていた道路の拡幅工事が二〇一六年に終了しており、真っ直ぐで広い道になったためスピードが出やすい状況となっている。速度を落とさせる「ゼブラゾーン（減速帯）」もつくってあるが、繁忙期の夏以外には走行車数が減少して対向車にめったに合わないため、ついスピードが出てしまうようだ。

しかし、出前授業を行ったおかげで、「ヤマネコに気を付けて運転してね」と子どもたちから言われる大人たちは、スピードを落として運転をするようになった。子どもたちの声は、事故防止のアナウンスよりも心に響くようだ。毎年行っている授業で子どもたちがつくった「啓発パネル」が路上に置かれるようになったり、学習発表会などで堂々と「ヤマネコ保護」の意見表明をする姿を見て、知らず知らずのうちに減速するという意識が芽生えたと思われる。

路上にいたイリオモテヤマネコの子ども

道路に設置されている「啓発パネル」

島民は、まさにヤマネコと共に暮らしているのだ。

しかし、二〇一三年にヤマネコの出前授業を開始したときには、学校における授業カリキュラムにイリオモテヤマネコは入っていなかった。それが今では、第1章で述べたように、島内の小中学校八校すべての子どもたちが「ヤマネコのいるくらし授業」を経験している。

観光客も敵になる

イリオモテヤマネコにとって、悩ましいものは交通事故だけではない。島の人口は二四〇〇人ほどだが、年々観光客が増加しており、現在三〇万人以上もの観光客が毎年西表島を訪れている。そのなかには「イリオモテヤマネコを一目見てみたい」と希望する人たちもいて、すぐそばまで近寄って見ようとする人がいるほか、ヤマネコがいる場所（普段は狩場として利用している田んぼ付近）を見つけておいて、夜間にお客さんを連れていくといった観光ガイドもいる。

このような「エコツアー」が増えたことで、沢や湿地林に入り込むといったように、あまり人が入らなかったところに人が頻繁に行き来するようになり、ヤマネコの生活が妨げられるといった恐れが出ている。また、大勢の人が踏みつけたことで植生がダメになったり、土壌が崩れたり、沢が汚染されるというリスクが高まっており、ヤマネコが獲物としている動物の生息にも影響が及ぶという恐れが出ている。

観光客たちがゾロゾロと近づいて来て、イリオモテヤマネコが獲物を食べている様子を囲みながら見ているという状況を出前授業のゲームに取り入れたこともある。

・食事が終わってゆっくりしているところに観光客が入り込んで来たらどうだろうか。
・自分たちの家に、知らない人たちがズカズカと土足で入り込んで来たらどうだろうか。

子どもたちは、この人たちがたとえヤマネコに危害を加えないとしても、「煩わしくて嫌だ」とはっきり言っていた。そう、これが野生のヤマネコなのだ。人に管理などされたくないのだ。本来は、餌などももら

帰りの船を待つ観光客（大原港）

いたくないのだ。自分で獲物を捕って好きなように食べ、寝ていたいのだ。人と離れて、ただ暮らしたいだけなのだ。このことを十分にふまえて、「エコツアー」が「エゴツアー」にならないように気を付けていただきたい。

人間の一時の気分だけで、野生の生きものたちは今までの生き方を、彼らの一生を、変えられてしまうことが多々ある。北海道に生息するキタキツネがその例と言えるだろう。雑食のキタキツネは、道を走る車から食べ物がもらえることを学んでからというもの、路上で車を待つという姿がよく見られるようになった。

私も旭川から富良野へ行く途中、運転していた車にキタキツネが寄ってきたことがある。首をかしげながら、チョコンと座る姿は愛らしい。その姿を写真に撮り、何も与えずに車を走らせたが、バックミラーを見るとそのキタキツネが車を追いかけてきた。「何もくれないの？」とでも言いたげで、いつまでも追いかけてきた。胸が締め付けられた。可愛い仕草を目の前にして、ついつい食べ物をあげてしまう人も多いことだろう。もちろん、優しさからだろうが、これは本当に優しさなのだろうか。間違いなく言える、これは本来のキタキツネの姿ではない。

人に慣れることで車を怖がらなくなる。そして、平気で道路に出ていくようになる。車の音を聞いただけで、何か食べ物を持った人が来た、と思い込むことになるのだ。そして、車にひかれるというリスクが高まることになる。人が、キタキツネの生き方を変えてしまったのだ。

コラム

やまねこマラソン大会の時期は結婚シーズン

第１章で紹介したように、西表島では毎年２月に「竹富町やまねこマラソン大会」が開催されている。10kmと23kmのコースがあり、海風を感じながら島にある１本の県道を走っている。イリオモテヤマネコにとって、この時期は結婚シーズンとなる。恋の相手を探してウロウロしている。春に生まれた子ネコは、秋に独り立ちするまで母ネコからたくさんのこと学ぶ。まずは獲物の捕り方である。

山や沢、海辺、湿地、田んぼなどにいるさまざまな生き物を捕る母ネコの姿を真似て、川で魚を捕まえたり、田んぼでカエルを食べたり、ヘビに巻き付かれながらも、格闘してヘビの急所である首に噛みついたり、道をトコトコ歩いているシロハラクイナや木の上で寝ているオオクイナ、アカショウビンを捕まえる方法を学んでいく。時には、木の上で休んでいるオオコウモリを捕まえることもあるという。学ぶのは、獲物の捕り方だけではない。しっかりと、車や人間が危険だということも学んでほしい。

動物に餌をやったり、近づきすぎたりして人慣れさせてしまうと、野生動物の暮らし方を歪め、その未来の姿を失わせてしまう結果となる。今、イリオモテヤマネコも周知徹底していかなければそうなりかねない。野生動物は、ペットとは違って自力で食べ物を捕り、自らの力で生きていくものだ。人の助けは必要としていないのだ。その生き方を尊重したい。

人間のせいで種の絶滅が目前に迫り、自力で生きていくだけの環境が十分に保たれていないと判断したとき、それまでの償いとして初めて人が手を貸すべきである。それまでは、とにかく自力で生きていける環境を守ることが人間に課せられている役目である。

西表島の未来

二〇二〇年の夏には、日本政府が申請している「奄美大島・徳之島・沖縄島北部及び西表島」世界遺産登録推薦の採否が決まることになっていた。確かに、西表島は世界自然遺産に申請されている各国のどの地域にも劣らないだけの雄大な自然美をもっている。野生的であり、なおかつ繊細な美しさをもっているこの地は、日本国内でも稀なところと言えるだろう。しかし、その繊細さゆえに、少しのことで壊れてしまうという「危うさ」をはらんでいる。

現在、二〇〇〇人以上が暮らし、毎年三〇万人以上もの観光客が来訪する島である。もし、世界自然遺産に決まったら、五年以内にこれまでの二倍もの観光客が来島するとも試算されている。このような人数に、自然環境はもちこたえることができるのだろうか。

先に紹介したライハウゼン博士の報告書（二〇八ページ参照）では、西表島における移住政策と開拓の経緯に対する認識、そしてその末に島民となった人々の暮らしにおいて配慮が足りなかったと記されている。それだけに、世界自然遺産登録を目前にしている西表島の人たちは、ライハウゼン博士が「西表島は狭すぎ、全生態系は脆弱で、観光旅行は十分注意したうえ許可すべきである」と警告していたことに、改めて真剣に向き合わなければならない。

二〇一八年五月一五日未明、ユネスコのウェブサイトで世界遺産登録推薦に関するＩＵＣＮ（国際自然保護連合）による評価と勧告が公開された。二〇一七年に推薦した日本の世界自然遺産推薦に関する勧告は、「延期」相当だった。その最大の理由は、沖縄島北部（山原《やんばる》）における日本への返還済みの米軍演習場が推薦地の範囲外とされていることだったが、西表島などのオーバーツーリズム対策についても次のような厳しい指摘がされていた。なお、ＩＵＣＮは、世界自然遺産推薦の評価をユネスコから委託されている団体である。(3)

・観光客による環境の攪乱などは、西表島については重大な現在の脅威であり、慎重に管理される必要がある。

・西表島にはすでに相当な入域者数があり、しかも近年、劇的な増加が見られる。

・全体的・一体的なアプローチをとらなければならない。将来のあらゆる観光開発については事前に計画を立てることが喫緊の課題だが、その計画には、島および特定区域の収容力を設定し、観光利用の状況をモニタリングし、それが収容力の範囲内になるように措置をとることが含まれる。

ＪＴＥＦは、すでにＩＵＣＮに対して二つの意見書を提出し（二〇一七年）、観光客の増加によるイリオモテヤマネコの人慣れ、交通量の増加による交通事故への対策と共に、島全体および島内で自然体験ツアーが行われている各場所（特定区域のレベル）に対する総量規制の必要性を訴えていた。ＩＵＣＮからの回答は、まさにこれらの点を明確に指摘するものとなっていた。日本政府は、ＩＵＣＮによる厳しい評価を受け、世界遺産委員会での審議を待たずに世界自然遺産推薦をいったん取り下げ、再度推薦を出し直さざるを得なくなった。

　ＩＵＣＮの指摘を踏まえつつ、西表島でやるべきオーバーツーリズム対策とは具体的にどのようなものだろうか。ＪＴＥＦがもっとも重要な課題としてこれまで主張してきたのは、大きく分けて次の三つである。

①イリオモテヤマネコの交通事故防止について

・ヤマネコが道路への出没を高める「人慣れ」を助長する恐れのある行為の規制。

踏圧で登山道の土が流れ根が浮き出し

（３）観光地の自然や、住民の生活環境上の収容力の限界を超えるような、観光利用のあり方のこと。

・自動車を運転するとき、ヤマネコとの遭遇時にとるべき措置の義務づけ。
・運転業務が含まれる事業者に対する一定の措置の義務づけ。
・総合的な交通事故対策の計画づくりと、その実施のための関係機関の協力体制づくり。

②島内で自然体験ツアーが行われている各区域における過剰な観光利用の防止

国の法律である「エコツーリズム推進法」に定められている市町村の権限を使い、観光客の活動規制が必要な区域を「特定自然観光資源」に指定し、そのなかで、とくに規制されるべき観光利用の仕方（行為）を定めるほか、さらに必要な場合は、立入り制限による総量規制を行う仕組みを盛り込むこと。

③島の収容力を超える観光客の入島防止

・ＩＵＣＮが「重大な現在の脅威」と評価した二〇一八年の入島者数を暫定的な目標値とし、その後のモニタリング結果を反映して修正していくこと。
・「目標値を超えそう」かどうかをシュミレーションし、「危ない」と予測が立った時点で「セーフガード」を発動する仕組みをつくること。これには、西表島への観光客のカギを握っている沖縄県や大手旅行者（エージェント）が誘客をストップし、緊急事態には西表島への乗船を制限することなどが含まれる。

問題となるのは、どの機関が主体となって、どのような根拠でこのような仕組みを整えるかである。国立公園の管理（環境省）や国有林の管理（林野庁）のメニューには、ＩＵＣＮの指摘するオーバーツーリズム対策を実行するための手段がほとんど含まれていない。イリオモテヤマネコの「人慣れ」防止、島内の自然体験フィールドへの入域や入域後の行為規制、そして入島制限も、地元基礎自治体である竹富町が主体となってオーバーツーリズム対策の仕組みづくりを行う必要がある。ちなみに、島全体の収容力を超える観光客の入島防止については、後述するように沖縄県の役割も非常に大きくなる。

とくに、「①イリオモテヤマネコの交通事故防止」と「②各区域における過剰な観光利用の防止」に関しては、地方自治体の法令である「条例」によるべきであると考える。関係者に対して公平に適用され、しかも拘束力のあるルールが必要となるからだ。

これらのルールや仕組みはつくりっぱなしで終わってはならず、現場で実際に運用しなければ意味がない。そのためには人手も予算もかかるだろう。また、規制の取り締まりに携わる職員については島の常駐としなければならないし、そのトレーニングも必要となる。いずれにせよ、オーバーツーリズム対策への本格的な取り組みは、全国的に見ても「初めて尽くし」のこととなるだけに、小さな自治体である竹富町にとってこれは大きなチャレンジとなるだろう。

一方、国と沖縄県は、竹富町による取り組みに対して、各機関のもつ権限や予算をフルに動員することが必要になるだろうし、現場レベルでは、国の出先機関のスタッフたちが町のスタッフを力強くサポートすることが欠かせない。

さらに、このような仕組みづくり、体制づくりには時間もかかる。行政機関間の調整も必要だが、地域住民の実質的な参加を保障しようとするなら、そこにもっとも時間をかける必要が生じることになるだろう。世界自然遺産に登録された場合、観光客の増加によって島の自然環境が影響を受けるだけでなく、住民の生活も大きく変わるほか、島社会のあり方も大きな影響を受けることになるのだ。このことを住民自身が理解し、十分に納得したうえで仕組みづくりに参画していく必要がある。

これまで少人数の仲間と共にしきたりという生活文化に従って暮らしてきた島民にとっては、大変な意識変革を伴うことになるだろう。しかも、沖縄県のアンケート結果にも現れているとおり、元々西表島の住民には、世界遺産登録に対する無関心、さらには反発する意見が多いのだ。それだけに、ギリギリになって「新しい仕組みの案を説明しますから理解してください」などという乱暴なやり方は許されないと思う。

今回は、日本政府がいったん登録推薦を取り下げたので、地元に時間的な余裕が生まれたように思えた。ところが、日本政府は、大急ぎで指摘事項への対応方針を検討し、二〇一九年一月に推薦書の出し直しを行った。西表島にとって、「与えられた」と思われた対策準備の時間は最小限になってしまったと言える。

二〇二〇年七月現在、私たちがもっとも重要だと信じる三つの課題について、これまでにどのような動きがあったのかについて簡単に述べておきたい。

「①イリオモテヤマネコの交通事故防止」については、竹富町が二〇一九年に制定の意思を表明している「イリオモテヤマネコ交通事故防止対策条例（仮）」の検討会がまだはじまっていない。一刻も早い検討の開始が望まれる。

「②自然体験ツアーが行われている区域における過剰な観光利用の防止」については、竹富町（実質的には環境省）が中心となり、行政、事業者、住民団体、ツーリズム関係団体、自然保護団体などで構成される協議会（エコツーリズム推進法に基づくもの）が立ち上げられ、そこでルールづくりが検討されている。

しかし、立ち入り制限をするのは有名なピナイサーラの滝周辺の一か所だけであり、あとはガイド業者たちが決めている自主ルールに任せるという方向性が打ち出されている。これでは、自主ルールを「尊重する義務はない」という業者や観光客が島のさまざまなフィールドに好き勝手に入り込んでいる現状を変えることはできないだろう。また、立入制限とは別に、生態系を撹乱する恐れのある（入域が許された）観光客や観光業者の行為をピックアップして規制することは見送られる方向となっている。

「③島の収容力を超える観光客の入島防止」については、沖縄県が（非公開の）検討会を立ち上げている。しかし、検討会事務局は「自然保護」の部署のみが担当しており、「観光振興」の部署は加わらなかった。また、メンバーに、大手旅行者や観光客誘致を目的とする県の外郭団体を加えることもしなかった。つまり、西表島への観光客の流れを実際につくり、その規模を左右する行政機関の部署や民間事業者がかかわらないという集まりなのだ。

二〇二〇年一月、「持続可能な西表島のための来訪者管理基本計画」が策定されているのだが、JTEFが重大な問題点として指摘してきた点が考慮されていなかった。たとえば、上水道の供給容量だけを根拠に定められた一日当たりの受入総量の範囲において入島させた観光客を、石垣島からの「日帰り型観光」から「滞在型観光」へ移行させることを目指す、と結論づけられている。しかし、この計画書の前半では、西表島の宿泊容量や飲食店が不足している現状に対して、「地元は人材不足や高齢化のため需要に応じてこれらの受入施設を新たに設置等することができない」ことが課題と指摘されている。いったい、どのように対処するのだろうか。

自然環境への影響で言えば、「滞在型」が増えればレンタカーの交通量が増え、夜間も観光客が動き回ることになるのでイリオモテヤマネコの交通事故リスクが高まるほか、島の自然体験フィールドに「じっくり時間をかけて」入り込む観光客が増えるというリスクも生じるのだが、このようなことは考慮されていない。

さらに、年間入域観光客数、または一日当たりの入域観光客数が収容力の指標を超えた場合にとられる対策についても検討が必要であると思われる。計画にあるのは、客数を夏場だけにできるだけ集中させず、季節的に分散・平準化する効果を狙った方策だけで、ＪＴＥＦが提案したような、入域者数を常にウオッチし、収容力を「実際に超えないようにする」ための客数抑制策が含まれていない。これでは、観光客が急増する状況になったら、島になだれ込んで収容力を超えていく様子をただ傍観するだけになってしまう。

ＪＴＥＦが積極的に提言していたこととは違うが、竹富町は自然観光ガイドに関する「竹富町観光案内人条例」を制定し（二〇一九年）、翌年に施行している。「観光案内人」とは、自然観光ガイドのことである。だが、自然観光ガイド業を発展させたり、規制することがオーバーツーリズム対策にどのように結び付くのだろうか。

観光案内人が、観光客に怪我や病気のないよう、また充実した自然体験ができるように万全なサービスを提供できるだけの質を備えたからといって（それはそれで重要なことではあるが）、オーバーツーリズム対策に結び付くわけではない。ただ、観光案内人は、自身や観光客が守らなければならないルールが整備されていることを前提として、ゲストに自然環境の保全および規制の遵守について助言できる立場にいる。

海外の自然保護区などで野生動物や自然環境を楽しませる観光ガイドは、この点を最重要視している。つまり、ＪＴＥＦが提言していた第二の点（特定区域における過剰な観光利用の防止）を徹底するために、観光案内人は重要な役割を果たしうるのである。西表島は他に類を見ない原始の島なのだから、この点を踏まえてこそ、オーバーツーリズム対策としてのガイド制度に関する意味が見いだせる。

とはいえ、観光事業者を中心とする「案内人条例」の検討経過を眺めると、何を目的にガイド制度を導入するのかについて、関係者間の共通理解の不足、および建前と思惑の隔たりが見られたように思われる。オーバーツーリズム対策という点がかすみ、ガイドのステータス向上や、島内に住むガイドの既得権確保が前面に出るといったことがしばしば見られた。残念なことに、そのことはできあがった条例にも色濃く反映されてしまっている。

確かに「案内人条例」は、「自然観光事業の適正化を図り、かつ観光案内人に自然環境保全への積極的参画を推進することで、竹富町の自然環境に対する過剰利用の防止」を図ることを目的にはしている。しかし、ガイドが連れていくお客さんに関係法令を遵守させることが拘束力を伴う義務となっていない。単なる「責務」にとどめられてしまっているのだ。

法的義務が伴う遵守事項としては、「必要な注意事項を事前に説明し、かつ同意書に署名をもらう」ことだけである。このようなものは、単に「責務は果たしました」というお墨付きをガイドに与えているだけでしかない。「オーバーツーリズム対策」として自然観光ガイドに期待されていることは、ガイドする現場で、旅行者が自然環境に悪影響を与える行為を止めるように助言し、指導するように義務づけることではないだろうか。

これからも、西表島のオーバーツーリズム対策としての仕組みづくりや体制整備が続いていくことだろう。さまざまな課題を挙げたが、できるかぎりすべての課題に対して早期の実行体制をとり、事態が好転することを望んでやまない。そのためにも、最後に重要な課題をもう一つだけ述べておきたい。それは、西表島のオーバーツーリズム対策を検討し、決定するプロセス

野生のイリオモテヤマネコ（撮影：村田行）

へのステークホルダー（利害関係者より広く、その問題にかかわるべき立場の人々）の積極的な参加が軽視されているということである。

ＪＴＥＦの西表島支部「やまねこパトロール」は、常に参加を積極的に求め、さまざまな場に出席し、意見を述べる努力をしてきた。しかし、「非公開」の壁に阻まれ、提出した意見も、丁重に扱われたとしても内容が結論に反映しないことが多かった。ましてや、島に住む一般の人々に対する参加保障は極めて不十分なものとなっている。

特定区域の過剰な観光利用の防止に関する議論は、非公開の作業部会で検討された案が、それを決める会議（行政、観光事業者、住民団体、地元のツーリズムや自然保護団体からなる協議会）に当日配布され、会場からの質問も許されないまま二時間三〇分という会議時間内に採択されてしまった（二〇二〇年一月）。そして、島全体の収容力を超える観光客の入島制限に関する「持続的な西表島のための来訪者管理基本計画」に関しては、非公開の作業部会で検討された案が世界遺産関係の協議会（行政、観光事業者、住民団体、地元のツーリズムや自然保護団体などを含む）に提出され、一般住民の質問も許されないまま二時間三〇分という会議時間内に採択されてしまった。

さらに、二〇一九年九月二〇日に竹富町議会で議決された「竹富町観光案内人条例」は、地域住民が広く規制の対象とされる可能性があるにもかかわらず（民宿が宿泊客に無償のガイドをするにも免許を必要とする可能性がある）、その検討は一部の事業者と行政関係者、島外有識者のみで構成される非公開の検討会で議論されたうえ、九月九日と一〇日に開催された条例「初」の住民説明会の席上において、すでに町議会に上程されていることが明らかになった。しかも驚いたことに、一〇日の住民説明会に先立つその日の午前中には、議会の審議は採択だけを残して終了していたのである。

西表島の社会が、今後否が応でも変わっていかざるを得ないことは事実だろう。しかし、新しい社会の仕組みづくりは、そこに住む人が理解し、参画していくものでなければならない。そうでなければ、仮に行政が優れたものをつくったとしても、人々は島と暮らしをよくするために必要なものだという実感をもつことができないだろう。「東洋のガラパゴス」と言われ、イリオモテヤマネコをはじめとする貴重な動植物の暮らす雄大な自然美をもつ西表島を守るのは、地元の人たちなのだ。

本来なら、二〇二〇年六月に中国で世界自然遺産への申請結果が発表されるという予定であったが、新型コロナ禍で延期となり、その後の情報はまだ得られていない。延期となったおかげで西表島での準備期間が余分にとれたことになる。医療体制も十分ではない島だけに、今後の観光のあり方もかなり変わるはずだ。この機会を逃さず、島の人たちと行政が一団となり、島の未来がよい方向へ進むよう準備をしてほしいと切に願っている。

エピローグ――生きるということ

象牙取引をめぐる熾烈な闘いは本文で述べたが、私が初めてワシントン条約締約国会議に参加した一九九七年、世界のNGOの活動を初めて垣間見ることになった。「トラ・ゾウ保護基金」は、野生動物の保全を考える「種の保存ネットワーク（SSN：Species Survival Network）」という国際取引による野生動植物の乱獲を防止するために活動する国際NGO連合の一員である。メンバーは、現在三〇か国以上、一〇〇を超える団体から構成されている。前回、二〇一九年のワシントン条約締約国会議に参加したのはその三分の二くらいであろう。関心のある分野ごとに各国のNGOが集まり、意見交換を行い、締約国会議の重要なトピックについては、各国の政府代表に対してロビー活動を行っている。

私が初参加した当時の日本では、「NGO」という言葉は一般にあまり知られていなかった。日本でNPO法が制定されたのは一九九八年である。当時、日本で語られるNGOのイメージというのは、お堅くて、真面目でガチガチ、男女ともに髪を振り乱して活動に取り組む、といったようなものであった。もしかしたら、現在も一部の人たちにはそう思われているかもしれないし、かつて私もそのように捉えていた。

そんな私が、ＳＳＮの部屋で各国のＮＧＯ活動家たちを見てびっくりした。主に欧米の人たちだったが、明るくて元気な若い男女がたくさん働いていた。みんな、個性を生かしたおしゃれをし、真剣に討論し、時にはユーモアを言って笑ったりと、気負うことなく自然体だったのだ。そんな彼らの様子を、私は気後れしながら見ていた。

当然、全員が自らの理念をしっかりともっており、保全のターゲットとなる生きものたちがより生きやすくなるための手段を考え、やれることを実行している。ワシントン条約締約国会議は各国による合意形成を図る場なので、各国へのロビー活動が欠かせない。

毎朝、全体で、あるいは個別にそのイシュー（論点）に関係する各国のＮＧＯが集まってミーティングをもち、賛成票を投じてくれそうな国、反対を唱えそうな国、まだ態度を決めかねている国などについて情報交換をしたうえで、関係をもっている政府代表と話せるように便宜を図っていく。このようなことは、生半可な知識、技術、経験ではやれないし、そもそも各国の政府関係者とコミュニケーションが取れるだけの関係を築いていることが前提となる。言うまでもなく、その場かぎりの話では大きな成果が得られることはない。

日本政府しか知らない私は、ＮＧＯと政府が「持ちつ持たれつ」の関係にある様子を間近に見てびっくりした。欧米の各国政府は、専門的知識や知見のあるＮＧＯに現状を尋ね、意見を聞いて、それを反映する形で政府の意思決定を行っていたのだ。「すごい！」というのが率直な感想であった。ＮＧＯが政府に影響を与えるとは……これぞ民主主義である。

初めてワシントン条約締約国会議に出席してから今日まで、象牙を利用したい国々とゾウを守るために象牙の取引を禁止したい国々との争いが続いていることは本文で述べたとおりだが、国際会議における政府代表の背後に存在し、政府が頼りにしているＮＧＯのことをうらやましく思ったのも事実である。あれから二〇年以上経っても、日本政府の場合は、方針と立場を異にするＮＧＯから意見を聞くなどということは一切ない。日本政府が常に頼りにするのは、政府の政策形成に深くかかわり、政府の立場を代弁する「有識者」でしかない。

事実、二〇一九年に行われた第一八回ワシントン条約締約国会議において、主要問題となっていた「日本の象牙問題」をテーマにしてＪＴＥＦが記者会見やイベントを行うと事前に知らせていても、政府関係者は一人も来なかった。意見が同じでなくても話し合いの場がもてる欧米の政府と比べると、まったく別次元にあると言える。

ＪＴＥＦは、自らがしっかりとデータをもつことで主体的に政策の方向性をつくり出し、政府に働きかけ、引き寄せるだけの提案をしてきたと自負しているが、日本政府が耳を傾けることがないということは、引き寄せる能力がまだ欠けているのかもしれない。この点に関して、欧米の市民活動と比較して「日本のＮＧＯ能力の足りないところ」と言う人もいる。

確かに、NGOの力量不足もあるだろう。しかし、NGOの力量を高めていくためには、それぞれの利益や立場だけでなく、問題の背景や課題をグローバルに考え、相手の立場に立てるだけの精神的な豊かさをもつ社会を形成していく必要がある。残念なことに、日本社会が成熟するのを待っていられるだけの余裕がない。

すべての環境問題は「待ったなし」の状況にある。国際的にリーダーシップをとることが苦手で、批判ばかりを気にする日本という国の体質をふまえれば、国際社会の力を借りる必要があるという状況はまだまだ続きそうである。そのなかで、日本政府も、国民も、そしてNGOも成長していかねばならない。

本書のテーマの一つともなっている象牙問題では、日本政府はいまだに業界保護の観点から「象牙の国内市場を閉じる必要がない」と言い切っているわけだが、民間企業は政府に忖度《そんたく》することなく、国際批判をきちんと受け止めて

第10回ワシントン条約締約国会議の閉会時に世界の NGO と記念撮影

自らの「あり方」を発表している。近年の流行語ともなってしまった「忖度」だが、スコープを広げて見たときに大きな足かせになることはこれまでに何度も経験している。そこに気付いた「イオン」、「楽天」、「Yahoo」といった影響力のある大手企業が象牙市場を閉鎖したという動きは政府見解とまったく相反するものだが、このような行動の背景にも国際社会の動きに対する感受性がうかがえる。

今後、私たちはグローバルな視点に立って野生動物の問題にかかわっていこうとする若い人たちが多くなることを望んでいる。しかし、単に「動物好き」というだけでは問題解決に取り組むだけの力は得られない。前述した海外のNGOのように、目的を達成するためには立ちはだかる相手の言い分や論処を理解したうえで、効果的に説得できるようなコミュニケーション能力が不可欠となる。

また、政府に働きかけるだけのパイプをもっている海外のNGOを味方に引き寄せるためには英語力も必要となる。いや、それ以上に、論理的な思考と目標を達成するための具体的な戦略を描く力や、実際に起きている情勢を見極める洞察力も必要とされる。これらを習得するためにはかなりの努力が必要となるだろうし、決して低くないハードルだとも思う。しかし、それを乗り越えてくる若い人たちの登場を私たちは期待している。

もちろん、もっとも根本的なこととして、野生動物の立場に立つという視点を忘れてはならない。野生動物保護の問題は、地球上で進化し続ける種とその生息地を守ることにある。野生動物は、人間とは関係なく生きていくのが本来の姿である。草食動物を捕獲して生きるトラ、草木を食べながら広範囲を群れで移動するゾウのような動物は、豊かな生息地においてこそ本来の生き方ができるのだ。人間と出会ったために棲み処を追われ、生き方を変えさせられ、「害獣」と呼ばれて殺されている現状については本書でも触れた。

一方、イリオモテヤマネコの例のように、人間の匂いをさせて近づき続けると、野生動物の本来の姿を失うということも忘れてはならない。困っている動物たちに何か救いの手を差し伸べたいという優しい気持ちは善意だが、それだと野生動物の保護にならず、かえって有害になることもある。同じ動物にかかわる問題といっても、福祉的な問題を考えるペットの場合とは違う側面を見ているということが本書で分かっていただけたと思う。

野生動物を守るためには、人間社会から自律して生きる彼らに餌を与えたり、水場をつくったりというように人が介入することは最大限避け、人間が困らせている状況を取り除くことが何よりも重要である。これが、私の伝えたい野生動物のための「ソーシャルディスタンス」である。ここで言う「ソーシャルディスタンス」は、人間社会における個々人の距離とは違う。また、それは、特定場面での動物とは「〇メートル離れなければ安全が保てない」といった距離のことでもない。人間社会が野生動物の世界との間で取るべき心の「距離」である。「野生動物のためのソーシャルディスタンス」とは、人間が支配や管理できない、またすべきではない野生動物を尊重し、認めるということである。

氷河が溶けて薄い氷の上を歩きづらそうに動くホッキョクグマ、アブラヤシのプランテーションだらけのインドネシアで、本来なら人間から隠れて木から木へと移動したいテングザルがわずかに残った森の木々を渡っていく様子、二〇一九年に発生したオーストラリアの森林火災で火傷をして、逃げ場を失っているコアラなどの様子をネットやテレビで見るにつけ、心が痛む。

人間のせいで苦しい思いをしている動物たちが世界にいる。今日も、村人が仕掛けた罠にトラがかかってしまったとか、畑に出てきたゾウを農民が取り囲んでいるとか、路上でイリオモテヤマネコの目撃が続いているといったメールが届く。私たちの力は小さい。本当に小さいし、資金も少ない。でも、歩みを止めてしまったら野生動物のいる世界がさらに悪くなる。

そんななか、「本気で象牙問題に取り組んでくれてありがとうございます」と、感謝の言葉とともに毎月ＪＴＥＦに寄付をくださる人や、「インドで野生のトラを見て本当に美しかった。絶滅しないように頑張ってほしい」と応援してくれる人たちがいる。

また、西表島には高校がないため、中学校を卒業した子どもたちは親元から離れて島を出るのだが、数年前までは「新しい友達に故郷はどんな島かと聞かれて説明できなかった」と言っていた高校生たちがいた。しかし、ずっと続けている「ヤマネコのいるくらし授業」を受けてきた生徒であれば、きっと胸を張って「イリオモテヤマネコ大使」になっていることだろう。西表島の自然を守る意義を、島外で話している様子が目に浮かぶ。

本書で紹介してきた活動の一つ一つは小さなことかもしれないが、応援してくる人たちの思いが垣間見られるたびに私は嬉しくなる。ただ、確実に目的を達成しなければならないし、結果を勝ち取らなければならない。自己満足に終わったのでは意味がない。それだけに、ＪＴＥＦの活動に参加してくれる次世代の人たちを募りたい。

私は、高校生のときから、「生きるということは、一生をかけて、その人ができる何かで役に立つこと」と父に言われ続けてきた。野生動物のいる場所を訪れたら、そして野生動物たちに出会えたら、動物たちが置かれている状況や気持ちを代弁して、まだ知らない人たちに伝えることで野生の世界を見せてくれた動物たちに恩返しをする、これが小説家としての父の生き方であった。

人それぞれやり方は違う。私も私なりのやり方で目標に向かってぶれずに進みたい。少しは野生動物の役に立っているだろうか……と考えながら活動をしているが、まだまだ足りないだろう。本書の原稿を書きながら、つくづくそう思ってしまった。

一年を通して、活動は忙しく、大変で辛いことも多い。でも、そのあとに喜びがあることも経験してきた。小さなＮＰＯだが、保護活動に携わっているメンバー全員が希望をもって、さらなる先を見たくてこの活動を続けている。さらなる先を……。

　ＪＴＥＦの歩みを書き終え、私たちがいかに多くの方とつながり、助けていただいてきたかと痛感しました。現場で活動に尽力している内外のＮＧＯ、さまざまな専門家、協力者、ＪＴＥＦにご寄付をいただき支えてくださっている方々など、文中では触れることができませんでしたが、さまざまな場で応援してくださっているたくさんの皆様に心を込めて御礼を申し上げます。

　日々バタバタと過ごし、あっという間に二十数年が経った今、ＪＴＥＦとその前身となったＮＧＯの活動を振り返る機会を与えてくださった株式会社新評論の武市一幸さん、ずっとＪＴＥＦをともに支え、ともに闘ってきた坂元雅行事務局長をはじめとするスタッフとボランティアのみなさん、そして協力してくれている家族に心より感謝申し上げます。

二〇二〇年九月

戸川久美

著者紹介

戸川　久美（とがわ・くみ）

認定NPO法人トラ・ゾウ保護基金（JTEF）理事長。

イリオモテヤマネコを発見した動物作家、戸川幸夫の次女。

日本政府に依頼され2年半ほど飼育していたイリオモテヤマネコを含め、父親が飼育していた様々な動物に囲まれて育つ。小説で滅びゆく動物たちへ哀惜の念を綴っていた父親の影響で野生動物保護活動に関わり、1997年にトラ保護基金を設立、NGO野生生物保全論研究会を経て、2009年新たにトラ・ゾウ保護基金を設立し、絶滅に瀕するトラ、ゾウ、イリオモテヤマネコの保護活動を行う。

インドに出向き、現地協働パートナーと共にトラやゾウの保全対策や違法取引防止活動を行うほか、西表島ではイリオモテヤマネコの最大の脅威である交通事故防止活動、島内の全小中学校で「ヤマネコのいるくらし授業」を行い、国内で様々な教育普及活動に尽力している。

野生動物のためのソーシャルディスタンス
――イリオモテヤマネコ、トラ、ゾウの保護活動に取り組むNPO――

2020年11月10日　初版第1刷発行

著者　戸川久美
発行者　武市一幸

発行所　株式会社 新評論

〒169-0051
東京都新宿区西早稲田3-16-28
http://www.shinhyoron.co.jp

電話　03(3202)7391
FAX　03(3202)5832
振替・00160-1-113487

落丁・乱丁はお取り替えします。

定価はカバーに表示してあります。

印刷　フォレスト
製本　中永製本所
装丁　山田英春

Printed in Japan
ISBN978-4-7948-1164-6

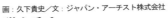

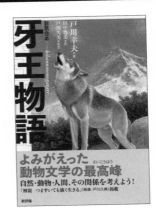

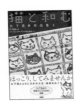

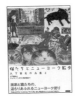

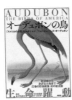